Dominique Lecourt
é professor de filosofia na
Universidade de Paris 7 e
presidente do Comité de Ética do
IRD – Institut de recherche pour
le devéloppement.
Autor de mais de
20 obras organizou o
*Dictionnaire d'histoire et
philosophie des sciences* (1999)
premiado pelo Instituto de França

HUMANO
PÓS-HUMANO

Título original:
Humain, posthumain

© Presses Universitaires de France

Tradução: Pedro Elói Duarte

Revisão da Tradução: Ruy Oliveira

Capa de Jorge Machado Dias

Depósito Legal n.º 203065/03

ISBN: 972-44-1171-0

Direitos reservados para língua protuguesa
por Edições 70

EDIÇÕES 70, Lda.
Rua Luciano Cordeiro, 123 - 2.º Esq.º – 1069-157 LISBOA / Portugal
Telef.: 213 190 240
Fax: 213 190 249
E-mail: edi.70@mail.telepac.pt

www.edicoes70.pt

Esta obra está protegida pela lei. Não pode ser reproduzida
no todo ou em parte, qualquer que seja o modo utilizado,
incluindo fotocópia e xerocópia, sem prévia autorização do Editor.
Qualquer transgressão à Lei dos Direitos do Autor será passível de
procedimento judicial.

DOMINIQUE LECOURT

HUMANO PÓS-HUMANO

edições 70

À memória de Georges Canguilhem

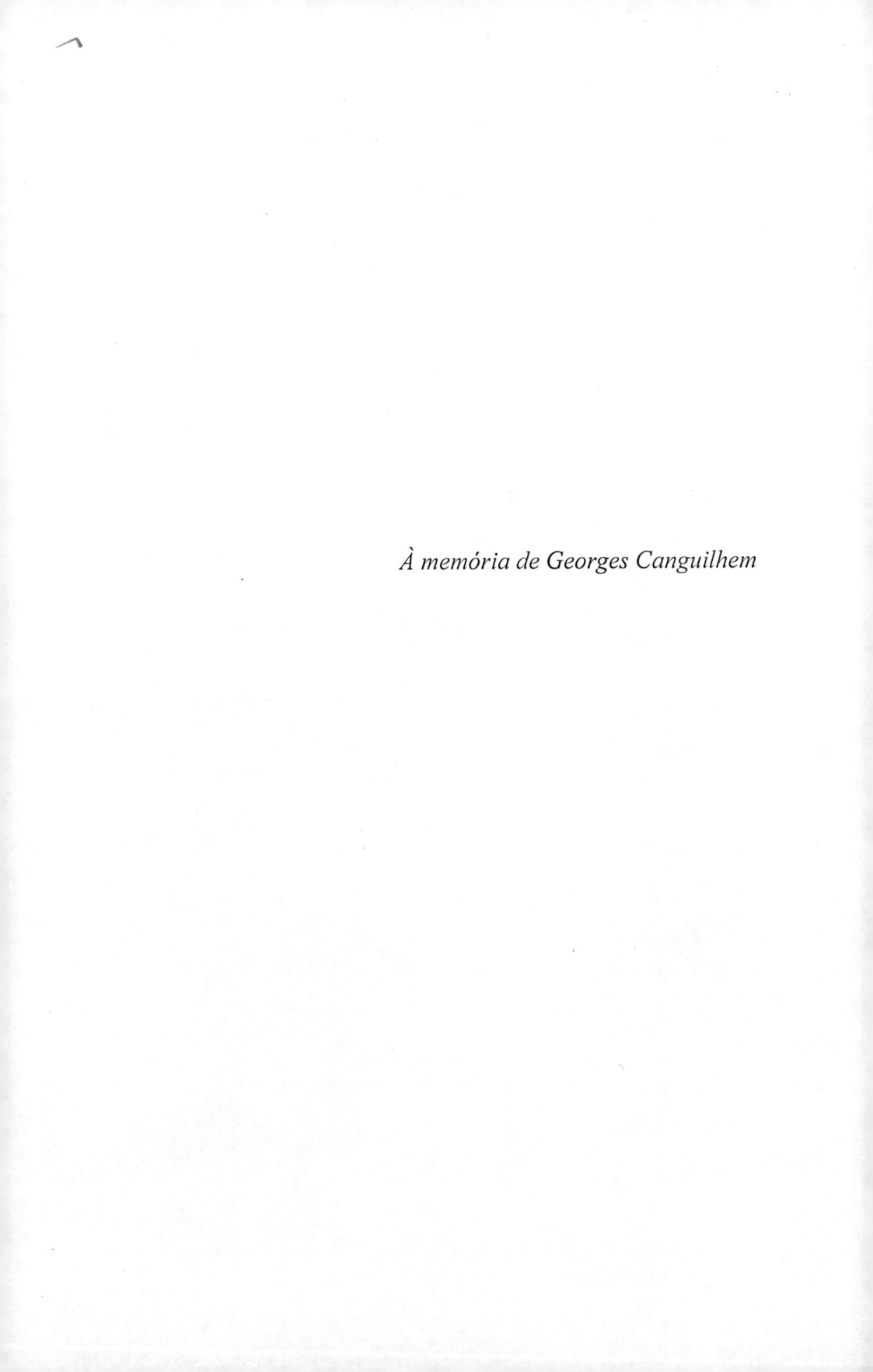

«Se banirmos da face da terra o homem ou o ser pensante e contemplador, o espectáculo comovente e sublime da natureza passará a ser apenas um cenário triste e mudo. O universo cala-se; o silêncio e a noite caem sobre ele. Tudo se transforma numa vasta solidão em que os fenómenos não observados ocorrem de forma sombria e oculta. É a presença do homem que torna interessante a existência dos seres.»

Denis Diderot, na *Encyclopédie*.

Prólogo

Deve haver algum mal-entendido.

Em poucos anos, a humanidade deu vários passos decisivos no sentido do domínio técnico do vivente. No entanto, tal como muitos outros progressos que ilustram a inteligência e engenho do ser humano, esses sucessos não são unanimemente celebrados. Ainda que os esforços dos investigadores se concentrem sobre o melhor partido a tirar dos seus resultados para o bem-estar de todos, ouvimos em geral discursos de pavor e alertas solenes. Um desses interroga-se acerca do carácter inumano da ciência ([1]); para outro, os homens teriam mesmo dificuldade de sobreviver à ciência([2]). Após ter sido idolatrada durante décadas, a ciência vê-se agora acusada de deter um poder maléfico. Em toda a parte se faz o elogio do medo, como sendo a única via da sabedoria face a desastres anunciados como inevitáveis. Muitos dos nossos filósofos parecem afectados por aquilo a que poderíamos chamar «complexo de Cassandra». Convencei-vos de que não escaparão, actuai em conformidade e é assim que escapareis. Agradável paradoxo do catastrofismo esclarecido([3])!

Grupos organizados, individualidades prestigiadas, veneráveis autoridades espirituais e responsáveis políticos tentam também colocar a opinião pública contra os cientistas, especialmente contra os biólogos e, em primeiro lugar, contra os geneticistas, os maiores suspeitos de

---

[1] H. Atlan, *La science est-elle inhumaine?*, Paris, Bayard, 2002.

[2] J.-J. Salomon, *Survivre à la science: une certaine idée du futur*, Paris, Albin Michel, 2000.

[3] J.-P. Dupuy, *Pour un catastrophisme éclairé: quand l'impossible est certain*, Paris, Le Seuil, 2002.

todos. Alguns entre os mais célebres parecem, não obstante, ceder à intimidação e aceitar assumir todos os pecados terrenos, possuídos por uma espécie de júbilo soturno, entregando-se a uma forma de autoflagelação por encomenda.

Os seus laboratórios são descritos como oficinas infernais, os seus biotérios [lugares onde se guardam animais vivos para estudos experimentais, *n.d.t.*] como câmaras de tortura, as experiências como fantasias perversas de indivíduos excêntricos sempre dispostos a fazer de demiurgos irresponsáveis. Depois disso, admiramo-nos por – com a ajuda da magreza dos orçamentos e da modicidade dos salários – os efectivos dos estudantes de ciências sofrerem, desde há uma década, uma queda contínua e surpreendente à escala internacional ([4])!

O argumento dos argumentos pode facilmente formular-se assim: o que o desenvolvimento das biotecnologias nos promete para o futuro nada tem de humano. A partir de agora, o que se perfila no horizonte não é o «super-homem», cujo advento era fervorosamente anunciado por Friedrich Nietzsche no seu tempo, portador de uma transmutação de todos os valores; o super-homem cujo conceito os nazis desviaram para o colocar ao serviço das suas actividades racistas e criminosas contra judeus, ciganos, homossexuais e doentes mentais. O que se anuncia não é também a vinda do «homem novo», do «homem total» com que sonhava o jovem Marx na sua candura «feuerbachiana» e que os estalinistas promoveram a ídolo para os seus objectivos de subjugação das massas na União Soviética e como motivo de alienação intelectual no que se chamou, durante meio século, «movimento comunista internacional».

Não. Trata-se antes de uma «pós-humanidade» que a nossa humanidade científica e tecnológica estará em vias de parir. Uma «pós-

---

([4]) Aos motivos do que chamamos, pudicamente, uma «desafeição» dos estudantes pelas carreiras científicas, deve acrescentar-se a inflexibilidade dogmática de um ensino que, como reacção, se volta geralmente para o seu conteúdo técnico e invoca as necessidades da concorrência internacional para não deixar qualquer espaço às questões filosóficas colocadas à ciência pela sociedade. Paradoxo: em França, são as escolas de engenharia – cujos efectivos não conhecem a mesma erosão porque os alunos têm maiores saídas profissionais – que parecem mais abertas a essas interrogações, ao passo que manifestam uma ideologia do sucesso social à primeira vista pouco favorável à especulação.

-humanidade» que verá, a curto prazo – dizem-nos –, a nossa espécie devorada, destruída pelos seus próprios esforços para dominar o planeta. O prefixo «pós», tão popular nas universidades norte-americanas (pense-se na glória do pós-moderno!) quase desde há três décadas, significa aqui mais do que a confirmação do fim de uma época na história humana; designa, como facto consumado, o fim dos fins: no esforço de conhecimento que sustenta o seu devir, a humanidade ter-se-ia expulso, por assim dizer, do seu ser. Ao romper a continuidade de uma história emocionante e sublime, deixaria de reconhecer qualquer um dos valores que, até hoje, lhe balizaram o caminho. E se ainda fosse permitido avaliar esta «pós-humanidade» pela escala dos nossos valores actuais, ela surgiria como pura desumanidade.

Apesar do bom senso e da persistente incredulidade dos cidadãos, menos dados ao pânico do que são ou parecem ser os seus representantes, o exagero de alguns desses discursos dispõe de meios para obter um considerável eco. Isto porque há muito tempo que o nosso mundo foi preparado para receber favoravelmente e amplificar os principais temas desses tristes vaticínios.

Desde há dois séculos que o medo dos «cientistas loucos» e outros «aprendizes de feiticeiro» ([5]) tem sido cultivado tanto por uma abundante literatura popular, com alguns autores mais nobres – Aldous Huxley, Herbert George Wells, em especial –, como por campanhas ideológicas para apregoar, neste caso, a «falência da ciência» como réplica à arrogância do cientismo dominante ([6]).

De há algumas décadas para cá, produtores e realizadores «hollywoodescos» entraram no jogo. Os efeitos especiais são proezas técnicas tão apreciadas pelos espectadores quanto o realismo ou o pragmatismo mais banais constituem as únicas filosofias a que aderem

---

([5]) Examinei este mito e outros, in D. Lecourt, *Prométhée, Faust, Frankenstein: Fondements imaginaires de l'éthique* (1996), Paris, Livre de Poche / Biblio Essai, 1998.

([6]) F. Brunetière, «Après une visite au Vatican», *Revue des deux mondes*, t. 127, 4º período, Janeiro/Fevereiro de 1895, pp. 97-118; H. W. Paul, *From Knowledge to Power: The Rise of the Science Empire in France (1860-1939)*, Cambridge, Londres, Nova Iorque, Cambridge University Press, 1985; D. Lecourt, «L'idée française de la science», in *La France du nouveau siècle*, organização de T. de Montbrial, Paris, PUF, 2002.

na vida quotidiana. Ora, esses efeitos vieram acentuar o movimento desde há algum tempo orientado para uma síntese de géneros entre a tradicional ficção científica e o filme de terror, síntese que deu consistência ao novo tipo de produto que é a ficção científica de terror ([7]). Em todo o caso, estes filmes retratam o cientista – biólogo ou médico, de preferência – como um ser devorado por uma desmedida ambição intelectual e pelo desejo de poder ilimitado, que se mostram infalivelmente assassinos.

A jusante, estes discursos são transmitidos pela comunicação social, para a qual a ciência e a tecnologia só têm verdadeiro interesse se puderem suscitar no leitor ou no telespectador reacções tão violentamente emocionais como uma violação em grupo ou o roubo de uma célebre jóia. E é assim que se explica a recente glória de uma seita de iluminados que, considerando-se extraterrestres, se revelam sobretudo peritos em comunicação terrestre, pelo menos se entendermos como comunicação o *bluff* mais cínico. A atenção do mundo inteiro foi mobilizada à volta de um bebé fantasma, sem que os cidadãos compreendessem os verdadeiros pontos da questão, tão complexa e controversa, designada por clonagem humana, e sem que lhes seja dado acesso ao que realmente está em jogo. Para além deste caso espectacular, é a uma verdadeira encenação planetária do pânico que assistimos. E esta encenação não pode deixar de ter efeitos sobre os espectadores aos quais é imposta.

O objectivo deste livro consiste em mostrar os *verdadeiros motivos da inquietação* sentida pela civilização ocidental face às biotecnologias que a ciência e a indústria desenvolverão inevitavelmente nos anos vindouros. Desde que, segundo a expressão de François Gros, passamos «da utilização do natural para o fabrico do vivente» ([8]), quando se trata de nos curarmos, cultivar plantas, transformá-las e seleccioná--las, e mesmo agora quando se trata de dar nascença a crianças, como evitar que os cidadãos e os seus representantes tenham constantemente o sentimento de estarem colocados, de surpresa, perante o facto

---

([7]) A. Hougron, em *Science fiction et société*, Paris, PUF, 2000, oferece-nos uma análise documentada desse produto e vemos aí um movimento de tendência neopuritana.

([8]) F. Gros, *La civilisation du gène*, Paris, Hachette, 1989; *L'ingénierie du vivant*, Paris, Odile Jacob, 1990.

consumado de resultados que, mais tarde ou mais cedo, pressentem que irão alterar as suas próprias vidas? Doravante, graças aos novos métodos de procriação, somos levados a modificar até a concepção que cada um pode ter de si mesmo enquanto ser humano. Compreende-se, de imediato, a inquietude e até mesmo o pavor de muitos dos nossos contemporâneos.

A tese que enunciarei é que esta inquietação tem, contudo, o seu segredo. E que esse segredo escapou até agora à discussão porque é de natureza filosófica. Prende-se com o facto de as biotecnologias virem abalar as certezas do pensamento contemporâneo que julgou poder continuar a conceber o mundo e a orientar as acções humanas utilizando duas noções cujo conteúdo não soube, não pôde ou não quis renovar.

A primeira destas noções é a noção da «técnica», já concebida no sentido de utilidade, logo de exterioridade, relativamente ao ser humano, antes de o positivismo dos engenheiros do século XIX impor a ideia, tão contrária à história, de que, na sua essência, a técnica foi sempre, mesmo que sem o saber, apenas fruto da «ciência aplicada»; podia afirmar-se, por conseguinte, que a técnica teria assim escapado ao nosso controlo, teria conquistado uma autonomia – a da pura força – que nos imporia os seus fins. Esta concepção não permite realçar o desafio intelectual e humano que hoje nos é lançado pela tecnologia quando se apropria do vivente para o transformar. Tendo, com efeito, «esquecido» a origem vital, orgânica, da técnica – de que esta tecnologia não é mais do que o prolongamento aperfeiçoado pela ciência –, não chegamos a aperceber-nos que podemos aproveitá-la para nosso benefício no debate que mantemos com o nosso meio. Pelo contrário, convencidos de que a ciência constitui a sua todo-poderosa origem, acabamos por diabolizar esta mesma ciência porque a biotecnologia oferece-nos a possibilidade de modificar o que consideramos ser as bases intangíveis da nossa «natureza».

Pois esta é, efectivamente, a segunda noção clássica cujo conteúdo não foi ainda renovado – a noção de «natureza humana». Noção herdeira de uma longa história, mas reelaborada no âmbito das teorias do «contrato social» que marcaram os começos da filosofia política moderna clássica desde Hobbes até Rousseau, passando por Locke e Montesquieu. Esta noção foi, por conseguinte, concebida como o fundamento último e intangível de todas as normas ao qual nos poderíamos referir, uma vez declarada a morte de Deus, na era da secularização e até mesmo do desencantamento do mundo. A alteração actual desta noção atinge assim, por ricochete, os conceitos e as práticas do direito e da moral que lhe estão intimamente associados.

Não vou tentar, como alguns, esboçar os traços de um novo super-homem – um qualquer heróico ou sinistro «bio-super-homem» –, pois receio que tais ficções possam inspirar obras mortíferas. Também não vou ocupar-me da busca do que poderia ser salvo das doutrinas jurídicas e morais tradicionais, graças a uma regressão, hoje muito apreciada no domínio do Direito, ao conceito de «direito natural» na sua versão pós-moderna, que se refere no mundo tomista à «lei natural» de suposta origem sobrenatural. Parece-me perigoso, nas circunstâncias actuais, recorrer a esta interpretação do conceito, na medida em que se encontra inevitavelmente assombrada por uma ordem natural de origem teológica, à qual seria necessário associar a ideia de uma «moral natural». Será que essa regressão não equivale a rejeitar qualquer inovação no próprio momento em que devemos tirar o melhor partido das novidades que se nos oferecem, se não quisermos que venha a acontecer o pior?

Ao longo da história, os homens imaginaram inúmeras versões do humano. Muitas delas, por muito admiráveis que fossem, foram enterradas no cemitério das ilusões perdidas, enquanto outras, inegavelmente execráveis, foram, antes de realizadas, guardadas no museu dos horrores que a humanidade sempre se mostrou capaz de produzir. Mas as versões que adquiriram corpo histórico nunca se impuseram num só dia. Nem sem erros, dramas e convulsões. Temos, de forma confusa, consciência de viver um desses momentos perigosos em que nos incumbe a responsabilidade de criar uma nova concepção, uma nova prática da vida humana ([9]).

([9]) - J.-C. Guillebaud, *Le principe d'humanité*, Paris, Seuil, 2001.

Prólogo

O que iremos poder aceitar dos novos conceitos da vida e da morte, do corpo humano, da procriação, da filiação e da sexualidade, sugeridos pelos juristas, induzidos pelos avanços das ciências biomédicas? Que novos modos de vida nos parecem, nesta base, suportáveis ou desejáveis? Que novos poderes poderemos conceder a uma medicina que doravante é capaz de intervir no nosso corpo e nos seus «elementos e produtos» que a lei francesa isolou desde 1994, não para nosso benefício terapêutico pessoal, mas para benefício de outros ([10])? Aceitaremos que a prática médica já não tenha o objectivo exclusivo de curar doenças existentes ou prevenir a transmissão de doenças hereditárias para aliviar ou suprimir sofrimentos actuais ou previsíveis? Deixaremos que os médicos excedam a sua missão tradicional e passem a ter como objectivo o aperfeiçoamento da própria vida? Pronunciamos desde logo a palavra eugenismo, com um arrepio, por assim dizer, ritual com fins de exorcismo. Mas será que uma palavra de terror terá valor de argumento racional? Que conhecimentos, que informações seremos capazes de suportar a respeito das nossas constituições genéticas quando for possível decifrar aí para amanhã doenças hoje incuráveis? Até que ponto autorizaremos os médicos a invadir a nossa intimidade e a divulgar os seus segredos orgânicos – e até psicológicos – por interesse epidemiológico de saúde pública?

As mais espinhosas destas questões derivam, sem qualquer dúvida, da bioética, mas entendida não no sentido restrito de uma disciplina preceituosa e proibitiva que se limita a repetir as lições trágicas do passado, nem no sentido mais prosaico da sanção filosófica de um «biopoder» ([11]) que teria encontrado forma de alargar mais um pouco o seu império sobre os corpos e sobre as populações na perspectiva de um reforçado controlo estatal. Para dar conta do inédito da situação, entendê-la-ia antes no sentido em que é dada, tanto aos cidadãos como aos seus representantes, a possibilidade de experimentar – por tentativas e erros, aproveitando as oportunidades – os meios de alargar ou, pelo

---

([10]) D. Thouvenin, «Bioéthique: les enjeux politiques», intervenção na Université d'été du Parti socialiste, 2 de Setembro de 2000.

([11]) M. Foucault, *Dits et écrits, 1954-1988*, edição organizada por D. Defert e F. Ewald, Paris, Gallimard, 1994.

contrário, diminuir as capacidades do ser humano; o que não se pode determinar nem garantir antecipadamente numa direcção ou noutra. A determinação do campo e dos objectivos desta disciplina não é evidente. Mas não pode dispensar um reexame prévio do ramo da filosofia ocidental designado, desde Aristóteles, por ética. A análise das biotecnologias exige que se renove o seu conceito. Não é do menor interesse delas, mas não é a tarefa intelectual menos rude. Pois a ética não se improvisa; muito menos a bioética.

Começarei, mais modestamente, por uma análise pormenorizada dos discursos, argumentos e acções daqueles a que chamo «biocatastrofistas», ou seja, todos os que consideram que a biotécnica ameaça a própria existência da humanidade. Com efeito, não nos podemos limitar à evidência de certos factos sempre por eles invocados como se ostentassem na testa a marca do seu próprio sentido trágico. A interpretação desses factos exige conhecimentos rigorosos enunciados num vocabulário adequado, e sobretudo raciocínios extremamente elaborados e tomadas de posição que, como tais, não devem ser censuradas, mas antes discutidas. Porque, quando se trata da origem da vida humana, da procriação, do embrião, do aborto e da sexualidade, falamos também, quer queiramos ou não, da família, dos patrimónios, da morte, dos prazeres e da loucura. Trata-se tanto das grandezas e das alegrias como das tragédias e mesquinharias da vida humana. Questões a que nem a biologia nem qualquer ciência «positiva» dão resposta por si mesma, mas que implicam uma concepção e uma prática da vida que teremos de reinventar, uma vez que já não podemos recorrer às que nos foram legadas pelos nossos pais e que falham em todos os sentidos.

Em seguida, mostrarei como a própria ideia de pós-humanidade não começou por ser utilizada pelos «biocatastrofistas», dos quais o politólogo Francis Fukuyama ([12]) é o porta-bandeira. Foi enunciada muito mais cedo, na forma de um optimismo que também podemos considerar excessivo, por conhecidos engenheiros que especularam

---

([12]) F. Fukuyama, *Our Posthuman Future: Consequences of the Biotechnology Revolution*, Nova Iorque, Farrar, Strauss and Giroux, 2002.

sobre o futuro dos seus trabalhos em inteligência artificial (IA) e vida artificial (VA). Esta imensa literatura é pouco conhecida na Europa; por vezes, pode parecer-nos de uma desconcertante ingenuidade. Jürgen Habermas ridiculariza-a em duas palavras como «especulações adolescentes» ([13]) e Bruno Latour apenas vê aí, numa palavra, infantilidades.

O cientismo hiperbólico desses pensadores apaixonados pela prospectiva e visivelmente grandes apreciadores de ficção científica não deixa de constituir um elemento de explicação para a virulência dos biocatastrofistas. Os seus discursos inflamados fazem, com efeito, surgir uma dimensão religiosa assumida como tal, com o apoio de textos teológicos. Recorrendo a recentes estudos de História, mostrarei como as especulações desses «tecnoprofetas» mais não fazem do que revelar uma história, ignorada e recalcada, das nossas (más) consciências europeias laicas. Não há dúvida de que houve – no princípio do projecto tecnológico tal como se declarou e começou a realizar-se no início do século XVII após séculos de maturação – uma motivação teológica de tipo milenarista que só fala do paraíso e da vida eterna. Aquilo que os tecnoprofetas americanos hoje proclamam sonoramente, no estranho estilo neobíblico semelhante ao dos televangelistas, é o facto de considerarem a aplicação das ciências à técnica como uma tarefa sagrada capaz de permitir ao ser humano ultrapassar as consequências da Queda, prepará-lo para a redenção e recuperar a felicidade de Adão no Paraíso terreno. O tom dos seus discursos é, inegavelmente, gnóstico ([14]). A tecnologia começou por ser declaradamente «tecnoteologia», e assim se conservou maciçamente nos Estados Unidos.

A esta visão tecno-teo-lógica, os biocatastrofistas opõem outra que, pelo contrário, só fala de inferno e de condenação eterna. Ao «princípio da esperança» do marxista utopista Ernst Bloch, preferem um «princípio da responsabilidade», cuja noção foi criada pelo teólogo Hans Jonas. É com a carne que mais se preocupam, com os seus tormentos, prazeres

---

([13]) J. Habermas, *L'avenir de la nature humaine: vers un eugénisme liberal?* Paris, Gallimard, 2002, p. 29.

([14]) Adoptam à sua maneira a sucessão da gnose de Princeton analisada, no seu tempo, por Raymond Ruyer, in *La gnose de Princeton*, Paris, LGF, 1997.

e, sobretudo, pecados. Mas não é o indivíduo, na intimidade da sua consciência, que visam directamente: é o ser humano na medida em que constitui apenas um elo da longa cadeia do género humano ou, como alguns dizem num vocabulário naturalista incorrecto e impróprio, da «espécie humana».

O principal conceito que utilizam é o de responsabilidade: conceito jurídico, político e moral que ampliam numa noção metafísica ([15]). Perdoar-me-ão por perguntar se esta ampliação não retirará a este conceito o essencial do seu carácter incisivo nos três domínios de origem em que cumpre, desde há muito, haja o que houver, a sua função? Até a Hans Jonas, sabíamos o que significava a responsabilidade de um acto – «imputação causal de um acto cometido» – e sabíamos *perante* quem se podia ser chamado a responder *por* esse acto. Mas eis que se enuncia um conceito invertido da responsabilidade: «a obrigação (de salvar ou proteger) gerada pelo poder (de destruir)». Em suma, uma «responsabilidade *para*», diz Jean-Pierre Séris ([16]): «São as gerações vindouras, a humanidade futura, que esperam que regulemos a nossa acção de forma a que possam ter possibilidade de viver e viver bem, ou seja, humanamente». Mas poder-se-á então falar ainda, sem abusar da linguagem, de «responsabilidade»? Será que essas fórmulas poderão impor as legislações rigorosas, as novas definições, os tratados internacionais de que necessitamos imperiosamente para que as responsabilidades dos empresários, dos Estados, dos cidadãos e das suas associações sejam claramente delimitadas e repartidas? Não. Na verdade, com esta «responsabilidade à distância», lidamos com um vibrante apelo à sensibilidade de todos, destinado definitivamente a alimentar, face à técnica considerada demoníaca e furiosa, um grande medo – um medo milenarista –, a única esperança de reconquistar a humanidade! O teólogo-filósofo Hans Jonas transforma-se em filósofo--sacerdote e serve-se tanto da ameaça como da consolação.

([15]) Em 1979, Hans Jonas propunha «uma ética para a civilização tecnológica» no seu livro *Das Prinzip Verantwortung*.
([16]) J.-P. Séris, *La technique*, Paris, PUF, 1994, pp. 341-343.

PRÓLOGO

A propósito do debate que se exacerba em redor do alcance ético da técnica, vemos assim reconstituir-se perigosamente diversas alianças teológico-políticas, de cujos danos a humanidade tem sofrido desde há séculos. Nem a própria religião, nem a ciência alguma vez ganharam qualquer coisa com isso. E a ética muito menos, por pouco que estejamos de acordo sobre o sentido deste termo. Sugiro, portanto, que se deixe de repensar a tecnologia como tal, pondo de parte aquilo que foi o motivo teológico inicial do seu desenvolvimento, que continua a ser, para alguns, a sua última justificação e, pelo contrário, para outros, a principal razão da sua condenação. Lutarei, pois, para que a realidade humana da técnica possa ser encarada em toda a sua profundidade histórica e no seu justo alcance «ontológico».

Será assim necessário rever e reformular a própria noção de «natureza humana», reintegrando-lhe esta dimensão essencial. A noção de indivíduo, cuja versão individualista parecia ter triunfado ao ponto de o pensamento liberal a aceitar como uma evidência elementar ([17]), seria renovada. Pode ser que, nestas condições, necessitemos de um pensamento político que renuncie a qualquer tentativa de fundamento absoluto dos seus valores, sem que, porém, aceite, à semelhança do filósofo americano John Rawls, como evidências naturais as noções que foram, precisamente, criadas e ajustadas para e na busca de tal fundamento. Como não desejar evitar que a ética se transforme na lengalenga transcendental ou na mera censura, os dois perigos que visivelmente a espreitam, incumbida que está hoje por tantos pensadores de assegurar a relação entre a teologia e a política através da mediação de juristas e com o reforço de psicanalistas? É possível que necessitemos bastante de outra concepção da ética que também se emancipasse da necessidade de «fundamentar», mesmo que na razão kantiana, a divisão entre o bem e o mal. A filosofia, felizmente, não deixa de ter recursos para começar a fazê-lo, e alguns progressos científicos fundamentais podem até ajudar-nos a aplanar o terreno.

Achei que seria útil colocar como apêndice ao texto principal desta obra um estudo pormenorizado do caso «Unabomber» que realizei na

---

([17]) A. Renaut, *L'ère de l'individu*, Paris, Gallimard, 1989.

Primavera de 2002 durante uma estadia nos Estados Unidos. Este caso ilustra perfeitamente, na minha opinião, as condições do confronto entre tecnoprofetas e biocatastrofistas. Podemos ver como, devido ao facto de as suas bases filosóficas não terem sido suficientemente esclarecidas, este confronto se pôde tornar sangrento. Com efeito, durante anos, Theodore Kaczynski, brilhante matemático americano, elaborou um verdadeiro sistema filosófico anticiência, que justificava, segundo ele, o envio de bombas artesanais que mataram e feriram muitos dos colegas informáticos e industriais. É surpreendente e, em suma, perturbador verificar que este homem que semeava a morte para defender a vida contra a «tecnociência» tenha encontrado e ainda encontre, na Europa, alguns fervorosos admiradores, e não menores, dispostos, como veremos, a celebrar o seu suposto génio perante os tribunais.

Decididamente, deve haver algum mal-entendido.

I

BIOCATASTROFISMO E
PÓS-HUMANIDADE

As biotecnologias devem os seus principais avanços aos conhecimentos acumulados pela biologia molecular desde a descoberta da estrutura em dupla hélice do ADN, em 1953, por Francis Crick, James Watson e Maurice Wilkins, e às técnicas da engenharia genética aperfeiçoadas vinte anos depois pela selecção e união *in vitro* de fragmentos desse ADN (transgénese). Deve acrescentar-se que, durante o mesmo período, o poder exponencialmente aumentado das ferramentas informáticas de cálculo, modelização e simulação contribuiu bastante para estes progressos. É previsível que o desenvolvimento das nanotecnologias ([1]) – miniaturização extrema dos meios existentes – vá acentuar ainda mais este movimento, ao ponto de podermos falar do século XXI, sem dúvida e sem ironia, como o «século biotecnológico». Uma pesquisa situada no cruzamento de várias ciências desenvolve-se sob os nossos olhos e começou a transformar a agricultura e a medicina;

([1]) O termo «nano» é derivado do grego «nanos» que significa anão; um nanómetro (nm) é uma unidade de medida que equivale a mil milionésimos de metro (10^{-9}). Richard Feynman, prémio Nobel da física em 1965, foi o primeiro a avançar a ideia de que, em breve, seria possível ao homem transformar a matéria ao nível atómico. Num discurso visionário, «There's plenty of room at the bottom», pronunciado em 29 de Dezembro de 1959 na *American Physical Society*, considerava a possibilidade de se colocar o conteúdo dos 24 volumes da *Encyclopedia Britannica* na cabeça de um alfinete e de se reorganizar a matéria átomo por átomo.

certamente, no futuro, transformará a farmacologia e, progressivamente, numerosas indústrias como a do têxtil e da própria informática quando os bio-processadores vierem amplificar-lhe ainda mais a potência ([2]). Actualmente, em laboratório, é possível transformar o perfil genético de uma planta pela introdução de um fragmento de ADN alheio. Esta técnica vai permitir reduzir a quantidade de adubos químicos, herbicidas, pesticidas e outros fungicidas maciçamente utilizados na agricultura moderna, que inflacionam os custos e ameaçam, sem dúvida, a saúde dos consumidores. Acredita-se também que este processo poderá melhorar a qualidade nutritiva dos alimentos. O arroz dourado, por exemplo, enriquecido com vitamina A, vai ajudar a reduzir o número de casos de cegueira – aos milhões à escala planetária – provocados pela carência desta vitamina. Além disso, acredita-se que se obterá o aumento dos rendimentos, sem que disso qualquer prova convincente, de facto, tenha sido apresentada até hoje ([3]). Contudo, espera-se que se estabeleça maior flexibilidade nas práticas agrícolas e, a prazo, um aperfeiçoamento e diversificação do sabor dos produtos, apesar do desagrado manifestado, *a priori*, por alguns afamados cozinheiros ([4]).

Considerada na perspectiva global dos esforços realizados pelo homem, desde há dez mil anos, para melhorar as plantas através de hibridações e enxertos com resultados irregulares, a aplicação da transgénese na agricultura – iniciada em 1983 com a produção do primeiro tabaco geneticamente modificado – surge como uma proeza da inteligência humana, por muito discutíveis que sejam hoje os resultados efectivos.

O mesmo acontece, certamente, com a técnica da clonagem reprodutiva dos mamíferos por transferência *in vitro* do núcleo de uma célula adulta para um ovócito anucleado e produção de um embrião

---

([2]) C. Debru, *Philosophie de l'inconnu: le vivant et la recherche*, Paris, PUF, 1998.

([3]) *OGM et agriculture: options pour l'action publique*, relatório do grupo presidido por B. Chevassus-au-Louis, Comissariado Geral do Plano, Paris, La Documentation française, 2001. [OGM – organismos geneticamente modificados.]

([4]) «Je ne cuisinerai pas de végétaux OGM», por A. Passard, cozinheiro e proprietário do restaurante L'Arpège em Paris, *Le Monde*, 18 de Dezembro de 2002.

que depois é implantado na fêmea. O nascimento da ovelha Dolly ([5]), em 1996, foi o sinal da inovação, para espanto dos biólogos mais autorizados que apresentavam, pouco tempo antes, razões científicas aparentemente muito sólidas para declarar impossível um tal processo de «reprogramação das células». Coelhos, vacas e porcos juntaram-se, desde então, às ovelhas no grupo dos animais geralmente mais clonados. A ancestral prática selectiva dos criadores, demorada e incerta, poderá ser substituída por uma técnica cientificamente elaborada de melhoramento selectivo dos organismos, realizável de uma geração à seguinte. Que ainda haja muito trabalho a fazer para garantir a eficiência e a segurança desta técnica; que os fracassos sejam ainda demasiados; que a clonagem dos mamíferos também dê lugar a elevado número de anomalias tardias de desenvolvimento – são questões que os investigadores reconhecem facilmente. No entanto, não há qualquer razão para pensar que não superem estes obstáculos quando tiverem aclarado as numerosas zonas de sombra que subsistem tanto em relação às condições dos sucessos obtidos como aos fracassos encontrados. Assim avança a ciência.

Por conseguinte, com a célebre ovelha escocesa, pode afirmar-se que se iniciou uma nova era para a pecuária. Temos a certeza de que será celebrada como tal pelas gerações futuras.

A revolução da transgénese, porém, não se limita às aplicações agrícolas. Produz também efeitos na medicina.

De facto, delineia-se a perspectiva de uma nova medicina, à qual as indústrias biotecnológicas já fornecem grande quantidade de substâncias que fabricam, como a insulina, a hormona de crescimento e múltiplas vacinas. O estudo das proteínas – vasto campo da proteómica – permitirá antecipadamente conhecer melhor as reacções de cada organismo a este ou àquele tipo de medicamento. A prazo, a farmacologia e a terapêutica desenvolver-se-ão no sentido de uma individualização crescente – tanto quanto as condições económicas o permitirem.

---

[5] I. Wilmut, A. E. Schnieke, J. McWhir, A. J. Kind e K. H. S. Campbell, «Viable offspring derived from fetal and adult mammalian cells», in *Nature*, vol. 385, 27 de Fevereiro de 1997, pp. 810-813.

Os anúncios, reiterados desde os anos 80, de uma terapia genética capaz de tratar algumas das actuais doenças mais implacáveis – Alzheimer, Parkinson... – terão finalmente efeitos concretos. As pesquisas sobre as células indiferenciadas, por aplicações da técnica da clonagem nas primeiras fases da divisão celular do óvulo fecundado, prometem o advento de uma medicina designada por regenerativa ([6]). Anuncia-se assim também a época dos transplantes humanos sem risco de rejeição. Os resultados obtidos pelos investigadores tanto no estudo dos mecanismos hormonais como no das bases genéticas do envelhecimento permitem esperar que se aumente notavelmente a esperança de vida das populações, se alivie o sofrimento e atenue os incómodos imputáveis à idade dos idosos([7]).

Melhor: o processo de procriação que parecia abandonar irremediavelmente os seres humanos aos acasos de uma lotaria genética geralmente muito cruel, está em vias de ser integralmente dominado. O diagnóstico pré-natal permite, a não ser em caso de erro, detectar os riscos de ver nascer uma criança afectada por uma doença genética incapacitante. A prática do diagnóstico pré-implantatório, por triagem de embriões concebidos *in vitro* antes de serem implantados no útero materno, oferece a possibilidade de interromper a transmissão de uma doença que, durante gerações, terá pesado como um funesto destino sobre a descendência de famílias inteiras.

De forma mais geral, as técnicas de procriação medicamente assistida oferecem uma alternativa a numerosos casais estéreis que, por qualquer razão, não querem envolver-se nos processos de adopção; ao mesmo tempo, a pílula contraceptiva e a pílula do dia seguinte trouxeram às mulheres, pelo controlo da sua fecundidade, uma nova liberdade procriadora.

Num campo em que outras técnicas falharam, a clonagem repro-

([6]) N. Le Douarin, *Des chimères, des clones e des gènes*, Paris, Odile Jacob, 2000.

([7]) E. E. Baulieu, «Les problèmes du vieillissement humain et leur approche biomédicale. Du XXe au XXIe siècle, la longévité accrue: une révolution négligée», in *La physiologie animale et humaine. Vers une physiologie intégrative*, Relatório sobre a ciência e a tecnologia da Academia das Ciências, n° 2, coordenado por F. Gros, Paris, Éditions Tec & Doc Lavoisier, 2000, pp. 147-157.

dutiva aplicada ao homem pode constituir potencialmente uma resposta adequada a formas (muito raras) de esterilidade hoje incuráveis. Ainda que, como veremos, esta nova técnica suscite duvidosos entusiasmos, fantasmas extravagantes e discutíveis aplicações não terapêuticas, trata-se incontestavelmente, mais uma vez, de um extraordinário sucesso da inteligência humana. Um sucesso que contribuirá para que o homem se liberte um pouco mais da fatalidade dos constrangimentos naturais ([8]).

Contudo, não são estes aspectos libertadores da aventura científica e tecnológica que as opiniões públicas ocidentais, pelo menos na Europa e especialmente em França, são convidadas a reter. O tom dos discursos dirigidos aos cidadãos comuns acerca das biotecnologias é, pelo contrário, alarmista.

Por mais que se julgue esclarecido, o catastrofismo ([9]) reina entre os que se dedicam a formar a opinião pública. Alguns pescadores de águas turvas desenvolvem um sentido muito menos esclarecido e entregam-se a actos de vandalismo puro e simples contra os laboratórios e a violências gratuitas contra os investigadores ([10]).

Das plantas geneticamente modificadas (para aperfeiçoamento), alguns querem reter apenas, desde 1996, os supostos riscos da sua utilização. Invocam dois tipos de riscos, mas com desigual insistência. O primeiro diz respeito à agricultura e consistiria numa redução da biodiversidade à escala planetária. Risco efectivo que se pode concretizar acidentalmente – os genes introduzidos podem disseminar-se e os organismos transgénicos «contaminar» (termo intencionalmente escolhido) as outras plantas, ameaçando assim os ecossistemas, como se temeu que acontecesse na região de Oaxaca, no Sul do México, a propósito do milho ([11]). Mas este risco de perigo para a biodiversidade

---

([8]) M. Revel, «Pour un clonage reproductif humain maîtrisé», *Le Monde*, 4 de Janeiro de 2003.

([9]) J.-P. Dupuy, *Pour un catastrophisme éclairé: quand l'impossible est certain*, já citado.

([10]) F. Ewald e D. Lecourt, «Les OGM e les nouveaux vandales», *Le Monde*, 4 de Setembro de 2001.

([11]) *Nature*, 29 de Novembro de 2001. A polémica foi tanto mais acesa porquanto o México se orgulha de ser a «mãe pátria» do milho.

também pode ser corrido de forma totalmente deliberada por empresas em busca de lucro. Foi o que sucedeu após a invenção, em 1998, do processo de esterilização das sementes, aperfeiçoado pelo ministério americano da agricultura, e a firma Delta & Pine Land. Este processo, explorado pela companhia Monsanto, foi chamado «Terminator» pelos seus oponentes. Com razão, porque esta modificação genética impedia a reprodução de qualquer planta que tivesse sido objecto desse processo. Basta juntar este «suicídio programado» das sementes com outra modificação genética que confere à planta uma vantagem agronómica, para que o agricultor desejoso de cultivar esta variedade transgénica se encontre obrigado, todos os anos, a renovar o seu *stock* de sementes junto do fornecedor.

Este episódio, associado a uma política económica de que falaremos mais à frente, acabou por se voltar contra os que quiseram apoderar--se brutalmente, pela técnica, de parte essencial do mercado mundial e reduzir a alimentação do planeta a algumas dezenas de plantas.

Não há dúvida de que deve haver uma maior vigilância e um eficaz enquadramento jurídico internacional, com uma panóplia de sanções rigorosamente aplicadas, mas isso é um problema que tem que ver com a política agrícola e que não coloca de todo em causa o interesse intrínseco da produção desses vegetais enquanto tal. É não só legítimo como também necessário que se discuta o modelo de desenvolvimento agrícola que algumas empresas multinacionais querem impor ao planeta através da utilização de plantas geneticamente modificadas; mas é lamentável que se diga que a «manipulação genética das plantas» tem uma essência diabólica. O facto de alguns actores franceses julgarem por bem exibir a sua indignação e se prestarem a operações *people* ([12]) para atacar as culturas experimentais dessas plantas seria cómico

---

([12]) - Em 16 de Janeiro de 2003, Christophe Malavoy, Philippe Torreton, Benoît Delepine, Anémone, Lambert Wilson, Robert Guédiguian, em especial, acharam por bem, «em nome da democracia», sem dúvida «popular», arrancar plantas transgénicas experimentais num campo, por solidariedade com José Bové [agricultor francês que se manifestou contra os «transgénicos» e foi preso por destruir estabelecimentos da MacDonalds]; ver o artigo do *Libération*, sexta-feira, 17 Janeiro de 2003, «Commando People contre OGM».

se o eco desses actos não conduzisse, por vezes, a condenar a uma morte certa e imediata milhões de seres esfomeados, como em África, com o pretexto de que os cereais que lhes são propostos são geneticamente modificados ([13]).

Mas é sobretudo, nos riscos do consumo desses alimentos para a saúde humana, que os seus adversários insistem. «Há razões para ter medo de comer?», era a parangona de revista francesa de divulgação científica em 1999. Tais riscos, embora se deva admitir que são potenciais, não se concretizaram. Ainda que dezenas de milhões de hectares sejam consagrados a esse tipo de culturas nos Estados Unidos, Argentina e Canadá, desde há mais de dez anos, nunca se verificou o menor acidente de saúde. E as batatas tóxicas ou as ervilhas alergénicas geralmente evocadas revelaram-se puras mentiras. Dir-se-á que este argumento empírico é fraco. E que, de forma geral, as catástrofes se preparam lentamente num silêncio ensurdecedor antes de se desencadearem sem aviso. É certo, mas isso acontece quando não foi dado qualquer alerta e quando não houve qualquer vigilância. Ora, neste caso, o sinal de alarme foi dado logo no início (desde 1974), e fizeram-se numerosas pesquisas para descobrir os potenciais riscos e afastar esse perigo. Em vão, até hoje.

No entanto, o vocabulário utilizado pelos opositores aos organismos geneticamente modificados – os OGM – não vai buscar o essencial da sua força de convicção a qualquer argumentação racional. Atiçam nas populações a velha obsessão do envenenamento, imputando-o a poderes ocultos (neste caso, económicos e financeiros), de forma tão eficiente que vários escândalos agro-alimentares – que, contudo, nada tinham que ver com isto – abalaram a Europa durante as duas últimas

---

([13]) Nas vésperas da Cimeira da Terra, de Joanesburgo, no final do mês de Agosto de 2002, a Zâmbia recusou a ajuda alimentar à base de OGM fornecida pelos Estados Unidos. A recusa incidiu sobre as 500 000 toneladas de cereais americanos destinados aos 13 milhões de habitantes que, segundo o Programa Alimentar Mundial (PAM), estavam – e continuam a estar – ameaçados pela fome. Na sexta-feira, 23 de Agosto, a agência da ONU felicitava-se por cinco dos seis países em causa terem aderido aos OGM. Só a Zâmbia se mantinha na recusa de qualquer ajuda à base de biotecnologias. «Antes morrer de fome do que consumir alguma coisa tóxica», afirmou o presidente zambiano, Levy Mwanawasa.

décadas do século XX ([14]). «Os OGM são o mal», declarou sem pejo José Bové, usando, neste caso, a retórica moral e religiosa de ... George W. Bush. As insistentes tomadas de posição dos partidários do sector da «agricultura biológica» levam, contudo, a pensar que interesses mais materiais e financeiros do que metafísicos e humanitários estão igualmente em jogo.

Em todo o caso, neste domínio, parece urgente recorrer àquilo a que chamamos «princípio de precaução», mas concebido num sentido positivo e dinâmico e não, como actualmente se faz de forma geral, restritivo e proibitivo.

Segundo Philippe Kourilsky e Geneviève Viney ([15]), trata-se de um novo princípio de responsabilidade que se aplica a «qualquer pessoa que tem o poder de desencadear ou travar uma actividade susceptível de apresentar um risco para outrem». Rigorosamente considerada, será que esta definição de alcance universal não implicará o risco de uma *banalização* do princípio? Bruno Latour, sarcástico, escreveu um artigo em *Le Monde,* de 4 de Janeiro de 2000, que começa com estas palavras: «Criação tão útil quanto frágil, o princípio de precaução irá banalizar-se, se não o evitarmos, ao ponto de se confundir com a simples prudência.» E conclui esta entrada na matéria com as seguintes palavras: «Não, decididamente, se é preciso um sinónimo para a prudência, não vale a pena criar um termo tão pedante – "estar atento" bastaria».

([14]) O chamado escândalo das «vacas loucas» merece, neste ponto de vista, particular atenção. A história quis que os bovinos ingleses alimentados com farinhas animais tivessem sido vítimas da BSE, susceptível – acabou por reconhecer-se, não sem hesitação – de transmitir ao homem uma variante da doença de Creutzfeld-Jakob. Daí as medidas radicais tomadas em Inglaterra, com as imensas piras que devastaram as criações de gado. Daí algumas dúbias considerações sobre o facto de esses infelizes animais serem vítimas do orgulho humano que pretendia alterar a natureza transformando-os de herbívoros em carnívoros, ao passo que se tratava, não de um problema metafísico de «ordem natural», mas de uma questão política que levara a indústria agro-alimentar a tomar algumas liberdades – durante o governo de Margaret Thatcher – em relação às elementares regras de saúde pública em nome da rentabilidade. Mas qual seria o resultado imediato desta imensa destruição dos bovinos e da sua interpretação metafísica? Substituir as farinhas animais para a alimentação dos bovinos por soja transgénica maciçamente importada dos Estados Unidos!

([15]) Relatório apresentado ao primeiro-ministro, 15 de Outubro de 1999, P. Kourilsky e G. Viney, *Le principe de précaution*, Paris, Odile Jacob, 2000.

Com a criação do princípio de precaução, trata-se, de facto, diz ele, de algo mais sério, mais novo do que a actualização de uma sabedoria milenar. Latour responde aqui implicitamente a Jean-Jacques Salomon ([16]), que defendia a ideia de que a «precaução» seria apenas a versão moderna da «prudência» aristotélica.

Na *Ética a Nicómaco*, Aristóteles desenvolvia uma concepção da *fronésis* – traduzida por Cícero em latim por *prudentia*, em referência à *providentia* – como capacidade de deliberar sobre as coisas contingentes. Corresponde à virtude da parte calculista ou opinativa da alma e é nisso que se distingue da ciência. Disposição prática na medida em que visa mais a *acção* do que a produção, refere-se à regra da escolha e não à própria escolha: distingue-se, como virtude intelectual, da virtude moral. Por conseguinte, «a prudência é uma disposição, acompanhada pela regra verdadeira, capaz de agir na esfera daquilo que é bom ou mau para um ser humano» (VI, 1140 b). Envolve uma espécie de «intelectualismo existencial». Concepção rapidamente suplantada pela dos estóicos: «Ciência das coisas a fazer ou a não fazer», retomada e transformada pela definição de prudência que Immanuel Kant faz: «A habilidade na escolha dos meios que nos conduzem ao nosso maior bem-estar». Esta recordação das definições clássicas da prudência mostra bem que a noção de precaução dilui-se sempre que a queremos contrariar.

A noção filosófica de prudência não permite, de facto, compreender um aspecto essencial da noção de precaução, que é constituído pela noção de *incerteza* do saber sobre um risco não reconhecido. Neste sentido, a precaução não é a prevenção que se refere a um risco garantido – e logo possível de garantir. Se tivemos necessidade de recorrer subitamente ao termo precaução é porque a noção de «certeza» estava intimamente ligada à concepção clássica da ciência e das relações com as suas «aplicações». A utilização da noção de precaução mostra que a própria base da concepção moderna da relação entre ciência e acção está em perigo por causa da situação de «incerteza» em que se encontram os decisores quanto à realidade e à gravidade dos riscos corridos.

([16]) J.-J. Salomon, *Survivre à la science: une certaine idée du futur*, já citado.

Esta concepção foi enunciada, melhor do que ninguém, por Auguste Comte. O filósofo politécnico, um dos primeiros que reflectiu sobre o estatuto dos engenheiros modernos no seu célebre *Cours de philosophie positive* (1830-1842), tinha a arte das fórmulas. Acreditava no valor prático da filosofia e não hesitava em criar máximas e divisas. Uma das mais célebres surge na segunda lição do seu *Curso*. «Ciência, logo previdência; previdência, logo acção: esta é a máxima muito simples», escreve ele, «que exprime, de forma exacta, a relação geral entre a ciência e a arte, tomando as duas expressões na sua acepção total». Fórmula inspirada no *Novum Organum* ([17]) de Francis Bacon, cujo eco fiel encontramos na política positiva: «Saber para prever, a fim de prover». Esta máxima introduz um termo estranhamente ausente de todas as discussões actuais sobre o princípio de precaução: a *previdência*. Ora, esta previdência, com Comte, *reforça* o termo *previsão*. Pensa assim resolver, mas sem realmente a ter bem formulado, a questão da relação entre ciência e acção. Porque, da previsão à previdência, vai mais do que um passo. De uma à outra, verifica-se uma verdadeira mudança de atitude: a previsão – que, segundo Comte, deriva da ciência – pressupõe uma atitude *passiva*: espera-se que os acontecimentos se produzam. A previdência consiste, *pelo contrário*, em tomar activamente a dianteira, fazendo provisões. O segredo da concepção moderna da ciência está assim desvendado: *fizemos como se* a previsão implicasse a previdência. Como se, de prever a prover, se mantivesse a continuidade de um mesmo ver. As questões ambientais mostram agora que esta lógica pode ser considerada errada. Que a própria concepção positivista predominante da ciência deveria ser reexaminada.

Será que o carácter específico da ciência reside mais na previsão racional dos acontecimentos do que na rectificação dos conceitos usados? Será que a certeza não designará a ilusão de que a validade de alguns resultados obtidos pode desempenhar o papel de garantia absoluta para o conjunto de pressupostos de que a sua aquisição se mostra sempre tributária? Será que, além disso, poderemos dizer que a ciência tem como destino *prover* a felicidade dos seres humanos?

([17]) F. Bacon, *Novum Organum* (1620), PUF, 1986.

Que sentido há realmente em falar de *destino* nesta matéria, a não ser para alimentar a ilusão de domínio absoluto? É possível que ela se possa inverter em simples fatalismo.

Retirada a base das nossas certezas e esperanças, a técnica é agora considerada hostil à vida, e especialmente à vida humana, no exacto momento em que vem melhorar, enriquecer e diversificar a nossa arte de dar vida. É acusada de deter um poder mortífero, ao mesmo tempo que nos dá a esperança de vermos adiada a morte e nos oferece os meios de aliviar os sofrimentos que a precedem.

É com a clonagem que o paradoxo atinge o seu auge. Com efeito, parece que as autoridades espirituais, os responsáveis políticos e os reputados pensadores – que pensam ser seu dever pronunciar-se sobre esta técnica – não evitam cair na grandiloquência e entregam-se ao jogo de uma especulação retórica na declaração proibitiva.

Em breve, ficaremos espantados por ver muitas eminentes personalidades tomarem a opinião pública por testemunha para denunciar um suposto «crime contra a humanidade». E também por ver que esta noção muito rigorosa, que figura no número de crimes internacionais nos estatutos dos tribunais de Nuremberga e de Tóquio, seja assim aviltada, banalizada e desvalorizada. Lembremos que, de acordo com os textos, um tal crime consiste em «assassínio, extermínio, escravatura, deportações e outros actos desumanos cometidos contra qualquer população civil; perseguição por razões políticas, raciais ou religiosas quando tais actos ou perseguições são perpetrados na execução de um qualquer crime contra a paz ou de um crime de guerra associado a um tal crime». O que ditou a definição deste novo tipo de crimes, foi, como sabemos – ou deveríamos saber –, a vontade de imputar uma criminalidade específica ao regime nazi. A noção tradicional de assassínio não estava à altura do holocausto. Portanto, o crime contra a humanidade passou a designar um crime resultante de uma ideologia sistemática promovida por um Estado que visa negar a humanidade a alguns indivíduos ou, por outras palavras, negar a ideia de uma essência comum aos homens e igualmente partilhada por todos. A especificidade do crime contra a humanidade está claramente indicada e realçada: este crime tem como motivo principal a negação da qualidade de homem a uma categoria de seres humanos enquanto tal. É, por exemplo, o que o distingue dos crimes cometidos contra prisioneiros de guerra para evitar o encargo de os guardar e alimentar.

Com a eventual clonagem humana reprodutiva, estamos face a uma situação que facilmente se reconhece como bastante diferente, uma vez que se trataria, não de administrar a morte a uma população eliminada da comunidade humana, mas de um novo meio de dar vida ([18])!

Consideramos ridículas e até escandalosas as diversas propostas feitas nas instâncias internacionais para proibir todo o tipo de clonagem, enquanto o que designamos por clonagem «terapêutica» traz em si a esperança de tratar, em especial, as doenças degenerativas do sistema nervoso central que afectam cada vez mais as populações, cuja esperança de vida e longevidade pode ser aumentada pela medicina.

Interrogamo-nos, sobretudo, sobre os argumentos utilizados pelas grandes consciências universais. Desde a ovelha Dolly, e por rápida antecipação, o espectro do eugenismo nazi tem sido insistentemente evocado. Além disso, e certamente sob a influência do cinema de Hollywood, não se receou anunciar a possível clonagem de Hitler; encenou-se a invasão do nosso planeta por exércitos de clones!

A história devia permitir-nos relativizar os nossos julgamentos. O neologismo criado por *Sir* Francis Galton em 1883 – *eugenics* – indicava bem a perspectiva geral desta nova «disciplina»: «A ciência do aperfeiçoamento das linhagens» especialmente aplicável à humanidade. Neste caso, não está «de modo algum confinada a criteriosas questões de cruzamento, mas baseia-se em todos os factores susceptíveis de conferir às espécies ou linhagens mais apropriadas maior hipótese de prevalecer rapidamente sobre as que o são menos». Os movimentos eugenistas que se difundiram em cerca de trinta países, ao longo das primeiras décadas do século XX, têm certamente em comum o facto de se terem pronunciado a favor do aperfeiçoamento das qualidades de uma população. Mas nem todos tinham a mesma orientação política.

([18]) Foi certamente por ter tomado consciência da inconveniência da expressão que o ministro francês da Saúde, Jean-François Mattéi, propôs falar de «crime contra a espécie humana». Mas esta noção inédita levanta, como veremos, outras interrogações.

O eugenismo, em particular, não é redutível a uma ideologia reaccionária e racista, como se quer normalmente fazer crer por razões de polémica. Apresenta mesmo um carácter trans-ideológico muito acentuado. Foi adoptado na Grã-Bretanha, sua pátria, por representantes da esquerda radical, por feministas nos Estados Unidos ([19]) e por judeus na *Rassenhygiene* (higiene racial) pré-nazi. E sabe-se que foram governos sociais-democratas da Dinamarca e da Noruega que levaram a cabo, em nome do eugenismo, políticas criminosas de esterilização voluntária ou forçada relativamente a doentes mentais. Em França, dominada pela obsessão do défice demográfico ([20]), foram obstetras e pediatras aliados a movimentos que promoviam a natalidade que fundaram, em 1912, a *Société française d'eugénisme* presidida por Charles Richet ([21]). Tratava-se de combater a «degenerescência» produzida pelo alcoolismo, pelas doenças venéreas e pela tuberculose.

Os bons historiadores assinalaram, a propósito, que o movimento eugenista se desenvolveu na ausência de uma teoria da hereditariedade, pois só em 1901 é que foram redescobertos, pelo geneticista holandês Hugo De Vries, os estudos de Johann Gregor Mendel. O eugenismo é anterior à genética. Os melhores historiadores observam que na genética de Mendel não havia qualquer ideia da existência material do gene, «a hereditariedade era algo inacessível ao conhecimento e à manipulação directa no indivíduo» ([22]), e que foi nesta base que se ligou à ideologia eugenista, que visava, não os indivíduos, mas a espécie ou a raça.

Com a identificação do gene enquanto base da hereditariedade acessível à intervenção, e sobretudo com o desenvolvimento da engenharia genética e os difíceis princípios das terapias genéticas a partir dos anos 70, a questão do eugenismo tomou outro rumo e transformou-se.

Mas o alarmismo anti-eugenista semeia a confusão. Não existe qualquer linha recta que vai desde o fisiologista britânico Galton até ao médico nazi Joseph Mengele, e que se prolongaria à actual engenharia

---

([19]) D. J. Kevles, *Au nom de l'eugénisme*, Paris, PUF, 1995.
([20]) H. Le Bras, *Marianne et les lapins*, Paris, Hachette Littérature / Pluriel, 1993.
([21]) Prémio Nobel de medicina em 1913.
([22]) J. Gayon, «Comment le problème de l'eugénisme se pose-t-il aujourd'hui?», in *L'homme et la santé*, Paris, Le Seuil / La Cité des sciences et de l'industrie, 1992.

genética. Como sublinha Jean Gayon, «seria extremamente ingénuo pensar que questões tão sérias como o exclusivismo cultural e o genocídio estejam intrinsecamente ligadas à questão eugenista. Porque, para quem pretende *aperfeiçoar* a humanidade (ou o seu próprio grupo social) eliminando os doentes mentais, os miseráveis, os criminosos e os estrangeiros, haverá sempre suficiente determinismo genético para ampliar o inventário, e, no limite, este pode ser perfeitamente dispensado. A identidade cultural ou patriótica pode ser mais do que suficiente» ([23]).

Através das discussões actuais, percebe-se, contudo, que a clonagem, tal como hoje se apresenta, está muito longe de responder às exigências do eugenismo «clássico», ou seja, de uma operação organizada por um Estado (totalitário ao não) com o objectivo de produzir uma «raça superior» ou um «aperfeiçoamento da população».

Como, doravante, a decisão de clonar provém da iniciativa privada de pais desesperados (ou, eventualmente, de iluminados facilmente identificáveis por qualquer psiquiatra), lidamos com o que se chama «eugenismo liberal», cujos préstimos podem estar sujeitos às leis do mercado.

Por conseguinte, a argumentação dos partidários da proibição deslocou-se para o terreno da ética, e mesmo – o que não é incompatível – da metafísica. Os seus adversários, de facto, estão de acordo em condenar a clonagem reprodutiva como um ataque à «dignidade da pessoa humana». Esta fórmula parece ser unânime e figura, além disso, nos textos oficiais ([24]) de espírito ou alcance jurídico, mas o conteúdo da noção é demasiado vago e dá lugar a interpretações muito variadas. De acordo com uma primeira linha de argumentação, este ataque seria imputável à reificação do ser humano. É a posição de

---

([23]) Releiamos os textos fundadores da UNESCO, e principalmente os redigidos por Julian Huxley, o seu primeiro director-geral. São muito claramente eugenistas, embora redigidos logo após a Segunda Guerra Mundial, mas num sentido «progressista».

([24]) *Carta das Nações Unidas* (1945), preâmbulo e artigo 1º da *Declaração Universal dos Direitos do Homem da ONU* (1948). Estes dois textos proclamam os «direitos fundamentais da pessoa, na dignidade e valor da pessoa humana» e que «os homens nascem livres e iguais em dignidade e em direito» (artigo 1º).

João Paulo II ([25]): doravante possível de ser produzido e copiado como um objecto, o ser humano é rebaixado ao nível de uma coisa. A segunda linha, além disso, coloca o acento sobre a «comercialização» da vida.

Outros vão para além destas considerações gerais. A ênfase da sua argumentação é colocada na duplicação idêntica de um ser humano. O seu clone será a vossa cópia, a vossa fotocópia! Esta replicação – por que não vários exemplares? – equivaleria, segundo a boa doutrina sartriana, a uma «des-singularização» do homem. Deste modo, encontrar-nos-íamos entre a espada e a parede. Será que a humanidade, após ter corrido o risco da auto-supressão física devido à bomba atómica, aceitará a perspectiva imediata da «auto-supressão espiritual» tendo em vista a própria conservação do seu ser biológico? Ou irá claramente recusar, de forma resoluta, esta nova perspectiva «diabólica» para afirmar, ainda mais alto do que no tempo de Hiroxima, a sua mais pura liberdade? ([26]).

([25]) «O aborto, a eutanásia, a clonagem humana, a título de exemplo, ameaçam reduzir a pessoa humana ao estado de mero objecto: a vida e a morte por encomenda», afirmou João Paulo II em 13 de Janeiro de 2003, acrescentando que «quando todos os critérios morais são suprimidos, a investigação científica sobre as origens da vida transforma-se em negação do ser e da dignidade da pessoa». Na *Mensagem pela celebração do dia mundial da paz*, 1 de Janeiro de 2001, § 19, o papa afirma: «A vida humana não pode ser considerada um objecto de que se dispõe arbitrariamente, mas a realidade mais sagrada e mais intangível que existe no mundo. Não pode haver paz quando desaparece a salvaguarda desse bem fundamental. *Não se pode invocar a paz e desprezar a vida*. O nosso tempo conhece brilhantes exemplos de generosidade e de devoção ao serviço da vida, mas também o triste cenário de centenas de milhões de homens abandonados a um destino doloroso e brutal por causa da crueldade e da indiferença. Trata-se de uma trágica espiral de morte que inclui homicídios, suicídios, abortos, a eutanásia, assim como as práticas de mutilação, as torturas físicas e psicológicas, as formas de coerção injusta, a prisão arbitrária, o recurso completamente desnecessário à pena de morte, as deportações, a escravatura, a prostituição, a compra e venda de mulheres e crianças. Pode acrescentar-se as práticas irresponsáveis da engenharia genética, como a clonagem e a utilização de embriões humanos para a investigação, que se esforçam por justificar com uma referência ilegítima à liberdade, ao progresso da cultura e à promoção do desenvolvimento humano. Quando os indivíduos mais fracos e indefesos da sociedade sofrem tais atrocidades, a própria noção de família humana, fundada nos valores da pessoa, da confiança, do respeito e da ajuda recíprocas, fica seriamente abalada. Uma civilização fundada no amor e na paz deve opor-se a estas experiências indignas do homem.»

([26]) J.-P. Sartre, *Situation III*, Paris, Gallimard, 1949.

Este argumento é retomado, sem a oratória sartriana, por todos os que afirmam que o clone se verá privado da liberdade por estar preso a uma intenção (a dos seus «pais») contra a qual nada poderá, e que destruirá assim a autonomia da sua vontade.

Sobre este assunto, Jürgen Habermas elaborou uma demonstração muito sofisticada, de um ponto de vista marcado pela sua interpretação linguística e comunicacional do kantismo ([27]). Mas o filósofo de Francoforte defende agora o que designa por «ética da espécie humana». Como explicar esta bizarria naturalista? Tratar-se-á decididamente de encontrar um fundamento absoluto universal para a interdição – ela própria universal – de certas práticas? Para o kantiano que é, não há dúvida. Mas o que ganhámos nós ao introduzir no debate o termo «espécie», derivado da biologia ou, mais precisamente, da história natural? Perdemos, pelo contrário, a maior parte do benefício que temos o direito de esperar do transcendentalismo. Se pudéssemos falar de ética da espécie, a noção de ética já não remeteria para questões de valor, ou seja, de direito, mas para realidades de natureza biológica! Poderemos, por conseguinte, limitar-nos – como Habermas parece fazer agora, cedendo à vertigem naturalista – a invocar um «relato da vida» que só é considerado típico (universal) por ir buscar as suas categorias à psicanálise e atribuir à figura mítica do adolescente que descobre o seu corpo a consciência súbita, se fosse um clone, de uma intenção que o alienaria? Não conseguimos ler estas passagens de *O Futuro da Natureza Humana* ([28]) sem tristeza.

As autoridades das grandes religiões bíblicas unem-se não só na denúncia do eugenismo, mas também na rejeição de uma prática que desafia a unicidade e o «carácter insubstituível» do ser humano. Qualquer pessoa humana criada por Deus é singular. Querer duplicar uma, não é desempenhar o papel de Deus, mas o do Diabo.

([27]) J. Habermas, *L'avenir de la nature humaine: vers un eugénisme libéral?*, já citado.

([28]) *L'avenir de la nature humaine: vers un eugénisme libéral?*, já citado. «O adolescente que foi objecto de uma manipulação genética, quando descobre que o seu corpo vivo é também uma coisa fabricada, a sua perspectiva de participante, a da sua "vida vivida", choca com a perspectiva, objectivante, do que fabrica ou que "faz *bricolage*"» (ver pp. 82-93).

É surpreendente ver um discurso oriundo de diversas variantes da vulgata psicanalítica vir apoiar esta tese para denunciar, por antecipação, os inevitáveis danos psíquicos do indivíduo que assim nascesse. Um certo «determinismo psicanalítico» parece hoje tão seguro e arrogante quanto o determinismo genético que combate. Com efeito, como é que um psicanalista pode imaginar a vida de uma criança vinda ao mundo através deste processo que exclui a união sexual dos seus «genitores»? O próprio vocabulário não vacilará, uma vez que este processo pode, eventualmente, fazer intervir apenas um só sexo (feminino) na concepção? Daí, neste novo registo, as sombrias questões que dão um tom apocalíptico à nossa época: não será a própria definição do homem que está em causa ou a sobrevivência da humanidade que está comprometida? Mais uma vez, ameaça-se os cientistas, nos seus laboratórios, em caso de infracção, com o Tribunal Penal Internacional! Quanto aos que, eventualmente, nascerem por este processo, serão, se o compreendemos bem, automaticamente excluídos da humanidade! E como qualificar esta exclusão baseada no nascimento?

Na verdade, a extravagância espreita. Escândalo e vertigem são as palavras-chave de um discurso indignado que se esforça em reanimar as imagens de terror comercializadas desde há muito pela literatura e, depois, pelo cinema. Anuncia-se assim, para o futuro, «quintas de clones», a abertura de um «supermercado de órgãos»; veremos as nossas ruas cheias de criaturas meio-porcos meio-homens, meio-homens meio-lagartos – produtos de pesadelo da abolição das fronteiras da espécie. Alguns autores temem, de forma mais clássica, ver a humanidade dividida em duas classes: os «Gen-rich» e os «naturais» ([29]), explorados pelos primeiros.

Todos os argumentos parecem bons para desacreditar as pesquisas genéticas. Os seus adversários exploram, certamente, o facto de uma seita de iluminados ter compreendido perfeitamente os ganhos publicitários – e financeiros – que podia retirar da emoção provocada e fomentada desde há vários anos. Outros, que fazem campanhas violentas

---

([29]) L. M. Silver, *Remaking Eden: Cloning, Genetic Engineering and Future of Humankind?*, Londres, Phoenix Giant, 1999.

e radicais contra o aborto, mesmo contra o dos embriões portadores de deficiências, não hesitam, porém, em pronunciar-se contra a clonagem reprodutiva devido aos defeitos genéticos susceptíveis de afectar as crianças a nascer! Outros, por fim, não deixam de jogar com a confusão das filiações: a mãe não será a irmã (gémea, ainda por cima, embora mais velha) da filha, e o pai irmão do filho? Como é que nos orientaremos? Não estaremos assim a criar uma forma de «incesto celular» tão temível para o futuro psicológico da criança a nascer como o incesto universalmente condenado nas nossas civilizações? O «jornalismo de terror» [30] tem um bom futuro à sua frente. A reflexão filosófica é urgente não só para afastar os fantasmas criados por esse jornalismo à custa de todo o pensamento livre, mas para tentar compreender racionalmente os motivos assustadores que ele utiliza e aceder às dificílimas questões cuja gravidade assegura ao mesmo tempo que lhes disfarça a verdadeira natureza.

Na mesma altura em que, no Ocidente, todos lamentam a perda de sentido, a ausência de referências e o desmoronamento dos valores, o pânico que se exprime face aos resultados das biotecnologias faz aflorar os motivos do que constitui, talvez, *o segredo mais bem guardado do actual mal-estar da civilização*. Este segredo reside na conjunção silenciosa de duas questões solidárias que foram excluídas do campo das interrogações filosóficas ocidentais. Uma, porque a maioria dos filósofos que se julgam hoje senhores da sabedoria a consideram visivelmente sem dignidade teórica suficiente para que com ela se preocupem; outra, por ser considerada resolvida desde há mais de dois séculos.

A primeira questão é a da técnica. Com raras e notáveis excepções, como veremos, os filósofos não acham interessante interrogar-se de forma aprofundada sobre esta dimensão fundamental da existência humana, sobre o imemorial valor humano representado pela técnica.

Na maioria das vezes, as suas análises da técnica só têm sentido relativamente a uma posição que querem tomar sobre a ciência. O dogma positivista apresenta a técnica como «aplicação» da ciência – e nega

---

[30] A expressão é do filósofo alemão Peter Sloterdijk.

assim qualquer realidade própria ao pensamento técnico, qualquer especificidade à inventividade técnica como prova de uma forma particular do engenho humano. Mas esta inventividade desempenhou um papel decisivo nos êxitos alcançados pelo ser humano na integração dos diferentes meios das suas actividades no interior de um «ambiente» global que integra e transcende todos.

O próprio Martin Heidegger, embora tão hostil à concepção científica do mundo da sua época – a de Rudolf Carnap e do Círculo de Viena ([31]) –, só usou a questão para impor uma determinada interpretação da ciência moderna. A sua fórmula, que se tornou quase sacramental, é conhecida: «A essência da técnica nada tem de técnico.» Por outras palavras: essa essência é metafísica; corresponde a uma determinada posição da Razão relativamente ao mundo que tem de colocar os seus recursos à disposição do ser humano. De essência metafísica, a técnica precede a ciência no sentido em que prepara uma «análise» que se encontra no âmago da ciência moderna, matemática e experimental.

Esta ciência galileana não se teria, portanto, constituído ao libertar-se da tutela metafísica que refreara e guiara os avanços das ciências anteriores; seria apenas graças a esta suposta libertação que teria podido não só dotar-se de dispositivos técnicos para interrogar a natureza – de acordo com a feliz expressão de Francis Bacon –, mas também sabido definir, por intermédio dos engenheiros, «aplicações» fecundas que teriam transformado totalmente o nosso mundo. Não – afirmava Heidegger –, é exactamente o contrário que se deve dizer: o carácter experimental e aplicável da ciência moderna apenas manifesta e revela o que constitui a essência metafísica interna da técnica que já convidava o homem a dispor do mundo.

Se olharmos para a história das técnicas, se investigarmos os começos dessas actividades, os primeiros gestos hesitantes, os primeiros objectos imperfeitos, temos, porém, dificuldade em ver uma metafísica em acção. Encontramo-nos, de forma mais prosaica, confrontados com um enraizamento da técnica na aventura da vida. É a luta do ser vivo

---

([31]) D. Lecourt, *L'ordre et les jeux*, Paris, Grasset, 1980.

com o seu meio que retém a atenção, as «técnicas» dos animais descritas e estudadas pelos etologistas, mas que, por muito eficazes que se mostrem, esbarram com os limites do instinto, ou seja, com um destino orgânico estreito. Os castores constróem admiravelmente as suas casas, mas, que se saiba, nunca progrediram nessa via e não conhecemos estilos arquitectónicos que variem conforme as regiões onde vivem.

Entre os especialistas há grandes discussões sobre o momento em que o homem se livrou das limitações do instinto para ajustar e variar as suas técnicas, não segundo as suas necessidades, mas segundo os seus desejos. Produz-se sempre um «desprendimento» que faz do homem um animal singular; imagina-se que, por um processo muito progressivo, se tornou o animal que somos – o que não se adapta ao seu meio – contrariamente ao que sugere um vocabulário de origem lamarckiana, de que usa e abusa a psicopedagogia – mas o que, pelo contrário, adapta activamente o meio aos seus desejos, que se revelam tão insaciáveis quanto diversos.

A essência da técnica, se quisermos utilizar este vocabulário, encontra-se aí: graças a ela, o homem separa-se da animalidade, que continua a ser sua, e afirma-se não como ser de necessidades ou ser de razão, mas como ser de desejos que, na luta com o meio, tornado o seu «ambiente» (meio de todos os meios), tem de usar a astúcia e a premeditação para compensar a inata incapacidade de responder ao carácter infinito das suas aspirações sempre renovadas pela imaginação.

Mas, pode objectar-se que esta realidade da técnica é bastante primitiva, boa para ocupar os ócios estudiosos dos paleontólogos ou as explorações exóticas dos etnólogos! Será que a tecnologia não introduziu uma nova era na história do domínio humano sobre a natureza? Sem dúvida, se assim designarmos a assimilação da ciência e da técnica a partir do «discurso racional» (ou seja, racionalizador) sobre as técnicas que constituiu, de início, a tecnologia ([32]). Mas o extraordinário aumento do poder e da precisão das técnicas em nada alterou a essência da

---

([32]) Por «tecnologia» – termo do século XVII, precisamente –, designamos a parte das técnicas que foi desenvolvida e rectificada pela ciência. Trata-se da tecnologia cujo poder se impõe à atenção de todos, ao passo que há numerosas técnicas que ainda não chegaram à era tecnológica. Ver *De la technique à la technologie*, Cahiers STS, ed. do CNRS, 1984.

técnica. O enraizamento da tecnologia na realidade do desejo humano não pode ser perdido de vista sem graves desilusões. Assistimos, por exemplo, a um número suficiente de fracassos no domínio das tecnologias de informação e de comunicação para que não seja necessário insistir neste aspecto. A ebriedade tecnicista dos engenheiros provocou desastres financeiros devido, em última análise, ao facto de as suas encomendas virem, não do desejo dos potenciais utilizadores, mas da imaginação dos especialistas. E esta imaginação revelou-se demasiado sujeita exclusivamente aos constrangimentos da economia, ou seja, neste caso, da optimização da relação preço-qualidade. Se quisermos que estes desaires não se reproduzam no domínio das biotecnologias – que se anuncia ainda mais vasto e prometedor, mas cujos fracassos também ameaçam ter consequências humanas mais graves – temos de levar em conta o problema *filosófico* em causa e inverter o movimento na concepção do produto. O que implicará a integração, na formação dos engenheiros, de elementos de história e de filosofia das técnicas.

Se olharmos para a história, o carácter filosófico da questão surge na forma de um enigma clássico. Como explicar que só a Europa ocidental tenha assistido à concepção e desenvolvimento de um «projecto tecnológico» no século XVII? Ou ainda: por que é que países como a China, cuja cultura científica e técnica estava então tão desenvolvida, não adoptaram a «atitude técnica» ([33]) que transformou o nosso mundo? Não faltaram as explicações estritamente económicas. Mas não há dúvida de que falham o essencial: era preciso que um sonho precedesse esse projecto, justificasse essa atitude. Este sonho não se resume à abundância para todos, ideia retrospectivamente imposta pelos filósofos do século XIX. Este sonho que se exprime claramente nas obras de Francis Bacon ([34]) é, por certo, apenas herança de uma particular tradição religiosa. Contrariamente à imagem de ociosidade que os seus adversários lhes deram, gerações de monges inspirados meditaram

---

([33]) G. H. de Radkowski, *Les jeux du désir: de la technique à l'économie*, Paris, PUF, 2002.

([34]) F. Bacon, *La Nouvelle Atlantide* (publicado após a sua morte em 1627), Paris, Payot, 1983.

activamente nisso nos mosteiros desde, pelo menos, o século XIII. E, de facto, esse sonho corresponde a uma certa interpretação dos textos sagrados. É um sonho teológico, um sonho milenarista que prometia ao homem o regresso ao estado paradisíaco antes da Queda, graças à tecnologia – que, originalmente, se poderia designar por tecno-teo--logia.

É com este mesmo sonho que aqueles a que chamo «tecno-profetas» se inflamam ainda hoje nos Estados Unidos. A sua fé na tecnologia, como veremos, é uma verdadeira fé. Anunciam, não o fim do mundo ou o fim da humanidade, mas a entrada triunfal da nossa espécie na era da «pós-humanidade» graças à inteligência artificial. E esses engenheiros, em geral também presidentes de empresas, encontram espontaneamente acentos gnósticos para defender a sua visão do futuro. No futuro, transmitiremos o conteúdo dos nossos cérebros para computadores. Seremos libertados dos nossos miseráveis invólucros de carne, das suas paixões e desregramentos! Aos que podem impressionar-se com um tal discurso religioso no âmbito de um negócio de ponta, esta história secreta – como se fosse vergonhosa – será elucidativa. E ao mesmo tempo esclarece-se, penso, a reacção, também ela de consonância religiosa, dos que se esforçam por denunciar os seus projectos como especulações demoníacas. A antiga ascendência medieval desde confronto deveria dissuadir-nos de considerar estas querelas como estrita e especificamente americanas, confinadas ao mundo *high tech*. A verdade é que a cultura bíblica que reina nos Estados Unidos confere--lhe uma tonalidade e uma dinâmica particulares.

A segunda questão que, intimamente ligada à anterior, constitui o segredo do mal-estar provocado pela explosão das biotecnologias é, como já se adivinha, a da «natureza humana».

Francis Fukuyama, até há pouco tempo o politólogo teórico do fim da história, regressou à sua tese anterior para a corrigir e anunciar uma nova era: «*Our posthuman future*» ([35]). Para ele, a pós-humanidade é menos risonha do que para os tecno-profetas; na verdade, só é invo-

---

([35]) F. Fukuyama, *Our Posthuman Future: Consequences of the Biotechnology Revolution*, já citado.

cada para apelar a uma tomada de consciência que nos proteja dos seus aspectos mais negros. Fukuyama retoma um tema constante da crítica às biotecnologias: é a própria natureza humana que está radicalmente ameaçada. Mais precisamente, o domínio das bases genéticas desta natureza permite-nos doravante transformá-la num sentido que pode ameaçar gravemente a democracia. Uma posição próxima é defendida por Edward Osborne Wilson, o célebre entomologista, autor de *Sociobiology* e, mais recentemente, de *Consilience: The Unity of Knowledge*, que não deixa de lembrar que ele próprio escreveu em 1978 a obra intitulada *On human nature* ([36]). Embora se felicite por ver um eminente politólogo partilhar algumas das suas teses, critica Fukuyama por ter feito apenas metade do caminho ([37]) quando fala da preponderância estatística do carácter hereditário do temperamento e das aptidões que se pode estudar pela genética. Para Wilson, a natureza humana, «tal como foi recentemente revelada pela neurociência cognitiva e pela antropologia, é algo mais profundo e mais interessante». Jürgen Habermas junta-se a eles, em certo sentido, no âmbito de uma filosofia muito diferente. Tanto uns como outros retiram das análises apelos a um controlo estatal dos desenvolvimentos das pesquisas actuais e futuras. O que é evidente em Habermas ou em Wilson, pode surpreender no liberal Fukuyama ([38]).

Mas o que é, exactamente, esta «natureza humana» que todos querem defender da adulteração? Não seria conveniente, como o filósofo alemão também sugere à sua maneira, voltar a analisar esta noção cuja história ainda está por escrever? Sucede que, em definitivo, ela fornece apenas uma representação parcelar e parcial do ser humano por ser

---

([36]) E. O. Wilson, *Sociobiology: A New Synthesis*, Cambridge, Harvard University Press, 1975; *On Human Nature*, Cambridge, Harvard University Press, 1978; *Consilience: The Unity of Knowledge*, Nova Iorque, Alfred A. Knopf, 1998.

([37]) E. O. Wilson, «Responses to Fukuyama», in *The National Interest*, Summer 1999, pp. 35-37.

([38]) Daí o facto de a esquerda «leftist» americana ter manifestado algum embaraço face ao último livro de um homem nomeado, porém, por George W. Bush para o «*President's Council on Bioethics*» – o Conselho de Ética da Casa Branca – e cujas teses parecem subitamente próximas das suas próprias posições!

construída com precisos fins ideológicos e políticos pela filosofia política clássica. Será que o grande escândalo das biotecnologias aplicadas ao homem não terá a ver com o facto de essa representação já não poder desempenhar a função teórica para que foi construída? Sendo esta função precisamente a de referência absoluta para as teorias do contrato social – nas suas diversas versões –, compreende-se que alguns possam escrever que a democracia está em perigo quando as biotecnologias ameaçam modificá-la, ainda que a teoria do contrato também tenha defendido a monarquia absoluta ou o despotismo esclarecido.

De qualquer maneira, não se percebe como se pode salvar a democracia tendo como base uma noção caducada. As ciências da vida mostram-nos hoje que, no ser humano, não existe nem nunca existiu um núcleo biológico intangível a que se possa chamar «natureza» para erigi-lo como referência absoluta – logo intangível – dos sistemas normativos que estruturam as nossas sociedades, tanto pelo direito como pela política. A questão é tanto mais grave porque esta noção não é apenas um conceito abstracto da filosofia política ocidental. Foi inculcada aos cidadãos como uma evidência da vida, associada a um sistema de outras noções como as de pessoa e de indivíduo, assim como à representação do aparelho cognitivo e psicológico do ser humano.

Será que as biotecnologias nos obrigam a concluir que os discursos das ciências humanas e sociais, tributários dessas noções, são definitivamente – em geral e a coberto da objectividade científica – apenas discursos que nos levam a pensar em nós mesmos segundo essas categorias?

Deveria então compreender-se o grande alarido à volta da clonagem como uma proposta teológico-política para que nos concentremos nos valores estabelecidos que, de origem mais sobrenatural do que natural, nos permitem conservar inalteradas as estruturas sociais existentes, a começar pela família, que experimenta, porém, como se sabe, uma crise profunda no Ocidente desde o início dos anos 70.

Será que não haverá outra via, a da *invenção normativa*? Esta equivaleria, não a tentar o recurso ao sobre-humano, nem a sucumbir às vertigens do pós-humano, mas a apostar numa das qualidades eminentes do ser humano: a capacidade de reinventar incessantemente o modo de ser humano em função das realizações do seu próprio génio. No século XV, Pico Della Mirandola designava esta qualidade por «dignidade humana» – aquilo que faz o seu próprio valor.

Se o ser humano é assim encarado na sua unidade, da sua realidade biológica à sua actividade social; se os seres humanos são sempre apenas indivíduos que se formam, se transformam e eventualmente se reformam ao longo de processos que, essencialmente, só se concluem com a morte; se esses indivíduos, sempre a individualizar-se no debate que mantêm com o ambiente indissociavelmente natural e humano, não podem ser considerados sem artifício como átomos sociais ou mónadas sem portas nem janelas – o campo da ética está subvertido.

Digamo-lo de forma ainda mais clara.

A questão filosófica que não deixou de habitar o pensamento da maioria dos filósofos preocupados com a ética foi a de *fundar* no Absoluto valores a partir dos quais formular máximas que possam provocar a adesão geral a interdições e a prescrições.

Quando há uma referência teológica, o Absoluto está ao alcance da mão na forma de um Deus criador e legislador. A distinção entre as acções que podem ser aceites como boas e as que devem ser rejeitadas como más é feita sem hesitação; um critério previamente estabelecido garante o seu rigor e, na circunstância, a sua justiça.

Mas quando nos privamos de tal recurso, a dificuldade revela-se enorme. E foi para ultrapassar esta dificuldade, para desempenhar a função de fundamento intangível das normas, que se criou, no século XVIII, uma certa ideia de natureza ([39]) que se apresenta como «estado de natureza» no âmbito das teorias do «contrato social». Essas teorias visam, em última análise, justificar a constituição e o funcionamento das sociedades humanas numa base a que, mais tarde, se chamou «secularizada». O moderno Direito natural, a religião natural e a economia natural têm assim, antes de tudo, um valor polémico contra o providencialismo das doutrinas que invocavam o sobrenatural para justificar uma ordem intelectual, jurídica e social acusada de injusta.

([39]) J. Ehrard, *L'idée de nature en France dans la première moitié du XVIIIe siècle*, Paris, Albin Michel, 1994.

A actual noção de «natureza humana» é herdeira desta história longa e tumultuosa do «estado de natureza»; mas, enquanto tal, só apareceu no século XIX, quando se deu um sentido biológico à sua componente natural. Em França, a operação realizou-se, em primeiro lugar, na obra de Auguste Comte, *Cours de philosophie positive* (1830-1842)([40]), em que se apresenta a frenologia – primeira teoria das localizações cerebrais – como a «primeira teoria científica da natureza humana». É uma operação filosófica que se efectua expressamente contra as teorias metafísicas do contrato social, incapazes, segundo o autor do *Système de politique positive*, de fundar uma ordem social que possa doravante defender o progresso de qualquer risco de crise revolucionária.

O que Comte fez no âmbito de uma doutrina especulativa do progresso foi depois retomado no domínio das doutrinas evolucionistas que pensaram poder, em diversos sentidos, apoiar-se em Charles Darwin ou em Herbert Spencer para definir a «natureza humana». Já não se tratava de opor, na moral, a natureza à graça ou, na política, o natural ao sobrenatural, mas de afirmar a pertença da humanidade enquanto tal a uma ordem natural, biológica, que partilha em particular com os animais, e, ao mesmo tempo, caracterizar os traços que fazem do homem um animal singular e inigualável. *On Human Nature* é o título de uma obra fundamental de Edward O. Wilson ([41]), que vai buscar à etologia de Konrad Lorenz, sobretudo, e à genética uma estrita visão determinista do comportamento humano. Os seus oponentes criticam o carácter redutor das concepções que ele e Lorenz fazem do ser humano.

Os mais notáveis destes opositores encontram os seus argumentos na filosofia moral de Immanuel Kant, que assiste hoje a um extraordinário reganho de interesse. A razão disso parece muito simples: a doutrina de Kant, ao dividir em duas a noção de natureza, e ao aplicar esta cisão ao homem, permite inseri-lo enquanto ser sensível no determinismo natural do mundo fenomenal estudado pela ciência, mas também

---

([40]) A. Comte, *Cours de philosophie positive (1830-1842)*, in *Œuvres*, 12 vols., Paris, Anthropos, 1968.

([41]) E. O. Wilson, *On Human Nature*, já citado. O etologista austríaco Konrad Lorenz, prémio Nobel de medicina em 1973, escreveu *L'agression: une histoire naturelle du mal* (1963), Paris, Flammarion, 1993.

inscrevê-lo, pela lei moral cujos imperativos incondicionados ele sente, num mundo supra-sensível, inteligível, que lhe preserva a liberdade. A autonomia da vontade, a capacidade de introduzir no mundo novas séries causais por respeito à lei moral, constituiria a sua marca própria, a sua dignidade.

Mas o que os turiferários de Kant não dizem é que a moral assim concebida não era, segundo o filósofo alemão, suficiente para conservar e guiar o ser humano na via da acção ética. É certo que Kant inscreveu na *Fundamentação da Metafísica dos Costumes* (1785)([42]) o imperativo categórico segundo o qual «ninguém deve tratar o homem simplesmente como um meio, mas sempre também como um fim». Aparentemente, este kantismo escolar serve hoje de viático a muitos biólogos. Mas o mesmo Kant também se interrogou sobre aquilo a que chama o «mal radical»: a possibilidade de o homem inverter os seus motivos e de seguir mais as suas inclinações do que a lei que exige o seu respeito. Para afastar a ameaça deste mal, preço da dupla natureza do homem, a moral deve, na sua opinião, ser completada pela religião ([43]). Portanto, só com leviandade se pode invocar a moral kantiana como se esta fornecesse as bases laicas de uma ética universal. Kant teve o cuidado de escrever, em 1793, uma obra perfeitamente esclarecedora sobre as suas intenções, *A Religião nos Limites da Simples Razão* ([44]). Ora, no Prólogo, o filósofo põe as cartas na mesa: «A moral conduz, pois, inevitavelmente à religião, pela qual se estende, fora do homem, à Ideia de um Legislador moral poderoso, em cuja vontade é fim último (da criação do mundo) o que ao mesmo tempo pode e deve ser o fim último do homem» ([45]). A muito meticulosa e erudita discussão teológica

---

([42]) I. Kant, *Fondements de la métaphysique des mœurs (1785)*, in Œuvres philosophiques, Paris, NRF-Gallimard, 1986; [*Fundamentação da Metafísica dos Costumes*, Edições 70, Lisboa].

([43]) Este texto de Kant foi brilhantemente comentado pelo filósofo Jean Nabert no seu *Essai sur le mal*, Paris, PUF, 1995, uma das principais fontes – hoje mal conhecida – do pensamento de Paul Ricoeur.

([44]) *La Religion dans les limites de la simple raison*, in Oeuvres philosophiques. [*A Religião nos Limites da Simples Razão*, Edições 70, Lisboa].

([45]) *Idem*, [p. 14, da edição portuguesa].

que se segue surge como defesa e ilustração de uma rigorista versão luterana do cristianismo ([46]).

A referência que Habermas faz ao agir comunicacional permite acabar com este aspecto do kantismo histórico autêntico: nenhuma religião é necessária, nenhum Deus legislador no horizonte, mas a comunidade de cidadãos, convertidos agora em membros de uma «espécie» em estado de diálogo ou mesmo de consenso. Contudo, veremos que esta reconstrução o deixa bastante desarmado para perceber as questões éticas daquilo a que chama «eugenismo liberal». Comunicacional, o kantismo persiste em ter as mãos puras. Mas continua também a não ter mãos, segundo a bem conhecida expressão de Charles Péguy.

Será que, novamente, temos de concluir que há um mal-entendido? A obstinada busca de um fundamento último das normas, tal como a de um fundamento último da verdade dos conhecimentos, não estará ligada a uma concepção da filosofia que não pode representar a totalidade da tradição do pensamento que recebemos sob esse nome? Será que os embaraços a que a noção de natureza humana nos expõe não se prenderão com o facto de esperarmos que ela possa responder a esta pergunta?

Foi o que, aparentemente, sem o explicitar, pensou John Rawls, que rejeita, de facto, qualquer interrogação sobre o fundamento das normas. Concebe as normas (jurídicas e morais) tal como existem, e interroga-se sobre a forma como o sistema se pode servir delas para benefício do maior número possível de pessoas, ou seja, do ponto de vista dos mais desfavorecidos.

Deste modo, vem reforçar intelectualmente uma ordem moral, social e política, acerca da qual podemos legitimamente perguntar se não produzirá os mesmos efeitos deletérios que o filósofo se esforça por combater. Em particular, não altera a concepção liberal do indivíduo,

---

([46]) Não há nada mais surpreendente do que ter visto uma ministra socialista da República Francesa referir-se nestas matérias à filosofia de Kant enquanto doutrina que devia apoiar as leis da bioética. É necessário dizer que o Comité Consultivo Nacional de Ética, quando se trata de definir a «pessoa humana», não recorre ao kantismo, para grande contentamento de alguns dos seus membros teólogos!

quando esta foi precisamente formada no âmbito desta busca do fundamento a que renuncia, precisamente, como ilusória.

Se quisermos ir mais longe e retirar todas as consequências da rejeição da questão do fundamento das normas, se renunciamos à ideia de que os filósofos, em matéria de ética, têm de formular máximas, enunciar prescrições, dar conselhos aos que os lêem, convém certamente interrogarmo-nos sobre os casos em que determinado acto ou comportamento é considerado bom ou mau. Como é que o iremos avaliar? Isso não tem que ver, mesmo que por desprezo das normas estabelecidas, com o facto de nos dar o sentimento de um desenvolvimento e de uma afinação do ser humano, de uma amplificação das suas capacidades de ser – logo de agir, pensar, perceber e sentir – susceptível de nos comprometer numa iniciativa análoga. Seria necessário admitir que o respeito pela Lei não constitui a última palavra da moral, porque esta concepção da Lei revela-se indissociável de pesados pressupostos. É necessário admitir a existência, no mínimo metafisicamente custosa, de um mundo inteligível ou de uma estrutura transcendental da comunicação. É igualmente necessário assumir as suas perspectivas últimas: uma fé que, por ser declarada racional, não é menos religiosa, solidária de uma determinada interpretação da doutrina cristã que não pode, a não ser de forma imperialista, aspirar à universalidade.

Quanto aos que, como é corrente hoje em dia, se limitam, à guisa de máxima, ao respeito não pela Lei no seu rigor, mas ao respeito pelo outro na sua diferença, esquecem que esse sentimento nada tem de moral em si mesmo. Se, como se diz, esse famoso respeito («a escola do respeito» de Jack Lang em França!) pode fazer reinar a ordem nos pátios de recreio – facto de que, porém, podemos duvidar –, pressupõe, entre os seres, uma distância geradora de desconfiança e até de conflitos, onde triunfa sempre a força bruta dos que sabem manter os outros «em respeito».

Não seria melhor, com mais generosidade e confiança, convidar cada um a reconhecer activamente em si o que pertence aos outros no sentimento partilhado daquilo a que todos chamamos a nossa identidade?

II

O FUTURO SEGUNDO OS TECNO-PROFETAS

Aos biocatastrofistas que nos convidam a tomar consciência face à eminência do fim do mundo ou, no mínimo, do fim da humanidade, e que pedem que reencontremos as nossas referências morais antes que seja tarde de mais, alguns engenheiros opõem visões sobre o futuro que se revelam de tonalidade oposta, utopista e optimista. Nos Estados Unidos, desde há várias décadas, os meios industriais que promoveram as novas tecnologias de informação e comunicação (NTIC) acompanharam, de facto, os seus investimentos com obras, artigos e comunicações (na Internet) onde expõem a sua filosofia. Entre estes, figuram muitos dos que impulsionaram a «revolução» tecnológica dos anos 80. Dentro de alguns anos, as nossas maneiras de ser e de pensar encontrar-se-ão transformadas; estes textos revelam os argumentos da convicção daqueles engenheiros quanto ao futuro deste movimento. O que impressiona é o facto de o vocabulário da salvação e da vida eterna se ter imposto desde os primeiros passos ainda muito abstractos da Inteligência Artificial (IA).

Poderíamos remontar às especulações do próprio fundador, o matemático e lógico britânico Alan Turing, que sonhava com uma máquina que pudesse não só imitar os cálculos efectuados pelo cérebro humano, mas também aprender e, depois, suplantar as suas capacidades ([1]). Turing escreve: «Podemos esperar que este processo seja mais rápido

---

([1]) A. Turing, *Collected Works of A. M. Turing* (3 vols. publicados: *Pure Mathematics, Mechanical Intelligence, Morphogenesis*), Londres, North-Holland, 1992; A. Hodges, *Alan Turing: The Enigma of Intelligence*, Londres, Burnett Books Limited, 1983; D. Lecourt, «La notion de programme», in *À quoi sert donc la philosophie?*, Paris, PUF, 1993.

do que a evolução.» E acrescenta: «A sobrevivência do mais apto é um método lento para avaliar as vantagens. O experimentador que utiliza a inteligência para conceber essas máquinas devia ser capaz de acelerar a sua construção.» O sonho de Turing explica-se em poucas palavras: uma máquina que teria como modelo a inteligência humana, mas que disporia de autonomia e que, por fim, teria a possibilidade de ultrapassar e suplantar o seu modelo humano.

No entanto, é a Marvin Minsky ([2]) – que dirigiu o programa do MIT em Inteligência Artificial – que se deve as fórmulas mais impressionantes e provocadoras. Minsky adopta deliberadamente o ponto de vista da evolução. O cérebro humano? É apenas uma «máquina-de-carne» (*meat machine*)! O corpo humano? «Uma enorme confusão de matéria orgânica» (*a bloody mess of organic matter*)! No homem, o que importa é a mente. «Será que algum dia seremos capazes de construir máquinas inteligentes?» Em princípio, sim, porque «os nossos próprios cérebros são máquinas».

Minsky cria a fórmula-chave da «simbiose entre o homem e a máquina», que teria grande sucesso. Mas, para ele, esta simbiose é apenas a primeira etapa. Depois, nascerão máquinas autónomas, acerca das quais podemos certamente perguntar se não marcarão «uma viragem na evolução humana».

Durante a década de 80, o matemático que durante anos atacou com bombas as figuras de proa da indústria informática – Theodore Kaczynski (*Unabomber*), de quem falarei mais à frente –, deve ter conhecido, no seu retiro secreto nas florestas do Montana, os discursos e projectos dos especialistas, principalmente sobre a possibilidade de «transferir» a mente (*mind*) para uma máquina, de transferir a mente humana para uma «rede neuronal artificial».

O ponto de vista evolucionista dos engenheiros sobre os progressos técnicos realizados confirmou-se ao longo dos anos. Esta perspectiva encontrou um grande apóstolo na pessoa de Hans Moravec, antigo aluno de Stanford que trabalha no Instituto de Robótica da Universidade de Carnegie Mellon (Pittsburgh). As previsões optimistas feitas durante

---

([2]) M. Minsky, *The Society of Mind*, Nova Iorque, Simon & Schuster, 1988.

os anos 50 foram, na verdade, em grande parte desmentidas. Embora tenham conquistado o seu lugar em alguns ramos da indústria como a construção automóvel, os robôs não invadiram os lares nem se ocuparam rapidamente da maioria das tarefas domésticas. Esta decepção não se deve aos próprios robôs, cuja concepção, materiais e mecânica conheceram progressos consideráveis em meio século. É mais justo imputá-la, segundo Moravec, aos computadores que não alcançaram o nível de sofisticação exigido para se construir um autómato que possa igualar o homem. O autor tenta uma explicação evolucionista: para sobreviver, afirma ele, os nossos antepassados tiveram de desenvolver capacidades de reconhecimento e de orientação tão boas quanto possível. Tratava-se de encontrar comida, escapar aos predadores, criar e proteger a progenitura. Daí que o cérebro humano se tenha ultra-especializado nessas tarefas vitais. Mas daí deriva também o facto de a espécie não ter necessidade de grandes capacidades de cálculo para a sobrevivência. Por isso o seu muito lento desenvolvimento e a utilização de milhares de milhões de neurónios quando poderiam bastar algumas centenas. De qualquer modo, com os computadores já foi dado um passo. E tudo indica que, segundo o autor, as máquinas acabarão por recuperar o atraso relativamente ao cérebro humano nas funções que aperfeiçoadas e afinadas ao longo da sua história. Moravec, que, tal como os seus colegas, se mostra fascinado pelo confronto entre Garry Kasparov e Deep Blue, o computador da IBM que o derrotou em Maio de 1997 ([3]), chega ao ponto de datar os acontecimentos: em 2010, os computadores terão adquirido as capacidades de um cérebro de lagarto. Em 2040, poderão igualar o cérebro humano. O objectivo inicial da robótica será então alcançado e um dos temas favoritos da ficção científica encontrar-se-á realizado: veremos uma máquina deslocar-se livremente, dotada das capacidades intelectuais de um ser humano!

([3]) Após ter sido vencido, ganhando apenas uma partida, Deep Blue fez a sua desforra (3,5 a 2,5) no ano seguinte ao vencer a sexta e última partida do jogo. Kasparov perdeu apenas em 19 jogadas. Na época, os comentadores foram unânimes em denunciar a debilidade teórica do programa, que devia a sua força apenas à prodigiosa capacidade de cálculo, capaz de avaliar mais de 200 milhões de posições em três minutos.

Como é que se chega a esta precisa determinação das datas? Através de um cálculo que parte do estudo da percepção visual e chega à conclusão de que um computador deverá dispor de uma potência pelo menos um milhão de vezes superior à de um PC actual para igualar a do cérebro humano. Ora, se pensarmos num ponto de vista histórico, verificamos que o aumento de potência dos computadores é exponencial (duplicou todos os dezoito meses durante os anos 80, e anualmente na década de 90). Moravec conclui que serão necessários vinte ou quarenta anos a partir de 2000, ano de referência quase mágico, para que seja transposta a distância até ao cérebro humano ([4]).

De facto, nos seus livros ([5]) e no grande número de artigos que se difundem e que fazem eco uns dos outros, a questão que se põe é a de uma nova era da humanidade, em que os robôs, tendo herdado a nossa inteligência, poderão aumentar as suas capacidades de forma literalmente prodigiosa. Todos estes pensadores anunciam a chegada de mentes (*minds*) ilimitadas, libertas do corpo, livres das paixões e com acesso à imortalidade.

Hans Moravec é uma autoridade em matéria de robótica e muitos dos seus colegas seguem as suas especulações futurologistas. São realmente os limites da condição humana que todos eles querem «transcender». Um deles, Danny Hillis, um lendário *designer* de arquitecturas de computadores, explica bem o que está aqui em causa: a negação da animalidade do homem e da morte imputáveis ao nosso ser carnal. A essência do homem não reside na sua parte animal, mas na sua inteligência. O destino quis que esta inteligência estivesse presa na confusão das emoções suscitada pelo corpo, e que fosse, além disso, terrivelmente limitada por uma duração de vida que, devido ao envelhecimento da nossa máquina corporal, não ultrapassa actualmente cento e vinte anos. Liberte-se a inteligência! Dê-se-lhe aquilo a que Hillis chama um «corpo

---

([4]) Este raciocínio está exposto, com todos os pormenores técnicos necessários, num importante artigo publicado em Dezembro de 1999 na *Scientific American*, pp. 124-135. O texto está disponível na página *web* de Hans Moravec:
   http://www.frc.ri.cmu.edu/users/hpm/.

([5]) H. Moravec, *Mind Children: The Future of Robot and Human Intelligence*, Cambridge Mass., Harvard University Press, 1990; *Robot: Mere Machine to Transcendent Mind*, Nova Iorque, Oxford University Press, 1998.

de silicone». Então, a nossa inteligência, a nossa verdadeira essência, conhecerá certamente as delícias da vida eterna.

O tema da «pós-humanidade» esboça-se aqui, como vemos, num tom de entusiasmo ([6]). E é este mesmo tema que domina os trabalhos do sector de investigação chamado, por paralelismo, «Vida Artificial» (*Artificial Life*, abreviado por *A-Life*). Já não se trata de construir uma máquina para a qual se transfere o conteúdo da inteligência humana, mas, ainda mais audacioso, de criar as condições artificiais em que formas vivas virtuais (matematicamente definidas) possam emergir ([7]). A questão do suporte desta inteligência seria resolvida pela criação de «autómatos celulares». Os dois movimentos surgem como complementares, um indo «*bottom down*» e o outro «*bottom up*».

O profetismo confessa-se aqui abertamente. Os comentadores e os divulgadores não precisam de exagerar. «O advento da vida artificial constituirá o acontecimento histórico mais importante desde a emergência do homem... Será o momento forte da história da Terra, e talvez de todo o universo» ([8]). Um acontecimento muito mais importante do que a invenção da bomba atómica, anulando, de alguma forma, a maldição que pesava desde 1945 sobre a ciência. Terá sido neste espírito que a primeira conferência sobre a vida artificial se realizou, em 1987, como uma forma de exorcismo ou de conjuração, precisamente em... Los Alamos?

Ray Kurzweil ([9]) é engenheiro e empresário de grande talento cujas invenções cobrem uma vasta gama de produtos, desde máquinas de

---

([6]) Gregory S. Paul e Earl Cox escreveram um livro intitulado *Beyond Humanity: Cyberrevolution and the Future Minds*, Cambridge Mass., Charles River Media, 1996.

([7]) Ver Steven Levy, *Artificial Life: The Quest for a New Creation*, Nova Iorque, Pantheon Books, 1992. Levy define a vida artificial nos seguintes termos: «Por Vida Artificial, designamos o estudo de sistemas artificiais que apresentam um comportamento característico dos sistemas vivos naturais.» E acrescenta: «A tecnologia microelectrónica e a engenharia genética dar-nos-ão brevemente o poder de criar novas formas vivas tanto *in silico* como *in vitro*».

([8]) J. Doyne Farmer e Alleta d'A. Belin, «Artificial life: The coming evolution», in *Artificial Life II*, org. por C. G. Langton, C. Taylor, J. D. Farmer e S. Rasmussen, Nova Iorque, Addison Wesley, 1992.

([9]) Kurzweil desenvolve regularmente os seus argumentos no seu *site*: http://www.kurzweilai.net/.

ler para invisuais até à primeira máquina de reconhecimento vocal largamente comercializada. Construiu também sintetizadores de grande potência e precisão, como os utilizados por Stevie Wonder e outros artistas menos conhecidos. Esta inventividade e sucessos comerciais mereceram-lhe numerosas recompensas, como o prémio Lemelson--MIT (no montante de 500 000 dólares), o mais importante do mundo para a invenção e inovação. Também foi agraciado com a «medalha nacional de tecnologia» (*National medal of technology*), que lhe foi entregue pessoalmente pelo Presidente dos Estados Unidos na Casa Branca. Em suma, não é alguém que se dedica solitariamente à *bricolage* ou um sonhador marginal!

Um primeiro livro, intitulado *A Era das Máquinas Inteligentes* ([10]), valeu-lhe, em 1990, o prémio do melhor livro de informática atribuído pela Associação dos Editores Americanos. Nesta obra, encontramos um quadro histórico e crítico da evolução das ideias em informática; a sua conclusão é a visão de uma simbiose futura entre o homem e a máquina. Foi ao desenvolver este tema que Kurzweil se impôs, em 1999, à atenção universal com *A Era das Máquinas Espirituais*. O subtítulo dá uma perspectiva geral: «Quando os computadores suplantarem a inteligência humana» (*When Computers Exceed Human Intelligence*). A tese essencial do livro consiste, com efeito, em mostrar como, no final do século XXI, já não será possível fazer uma distinção entre o mundo humano e o das máquinas; a simbiose será então perfeita e a fusão estará concluída.

O raciocínio de Kurzweil apoia-se, tal como o de Moravec, na lei da evolução tecnológica, designada por «lei de Moore», que vai buscar o nome a Gordon E. Moore, um dos inventores do circuito integrado e presidente honorário da *Intel*, empresa de que foi co-fundador em 1968. Em 1965, Moore, então director de pesquisa e desenvolvimento da *Fairchild Semiconductor*, redigiu um estudo acerca da evolução dos desempenhos das memórias. A partir do ritmo do aumento de capacidade dos microprocessadores desde 1959, deduziu a hipótese

---

[10] R. Kurzweil, *The Age of Intelligent Machines*, Cambridge Mass., MIT Press, 1990.

segundo a qual a potência dos computadores aumentaria de forma exponencial ([11]). O que é discutível, pois Moore, em 1997, acabou por sugerir que este processo está destinado a parar num limite físico (o da dimensão dos átomos) em 2017! Contudo, Kurzweil retém a ideia essencial e daí faz uma extrapolação que lhe permite datar, como vimos, as grandes etapas da ligação homem-máquina. Mas o que permitirá que esta ligação se transforme, no final do século XXI, numa verdadeira fusão é, na sua opinião, não uma evolução interna das máquinas informáticas, mas outro acontecimento: a *convergência* entre a genética, as nanotecnologias e a robótica. O desenvolvimento de uma electrónica molecular que utilize moléculas isoladas para fazer funcionar os seus circuitos é, com efeito, uma das técnicas que Kurzweil considera capaz de aumentar os desempenhos dos computadores para além mesmo de 2020. E as nanotecnologias contêm a promessa – fascinante, temos de reconhecer –, de robôs minúsculos que poderiam navegar velozmente pelos vasos sanguíneos como se fossem mecânicos da saúde para eliminar e destruir, por exemplo, coágulos de sangue e células cancerígenas.

Muito rapidamente – em 2029, em todo o caso, afirma o autor, que também arrisca uma previsão datada –, as capacidades dos computadores igualarão e, depois, suplantarão as do cérebro humano. Kurzweil descreve «uma inexorável emergência» (*an inexorable emergence*). Daí, retira uma conclusão de tonalidade filosófica um tanto solene. Antes do final do próximo século, afirma ele, os seres humanos «já não serão as entidades mais inteligentes do planeta». Actualmente, os computadores já ultrapassam a inteligência humana em muitos domínios. Mas isso aplica-se apenas a algumas actividades limitadas: jogar xadrez, formular alguns diagnósticos médicos, comprar e vender livros, orientar mísseis... No que respeita à maleabilidade e à flexibilidade, tão indispensáveis quando se trata de considerar o contexto das nossas actividades

---

[11] O seu artigo foi publicado com o título «Cramming more components into integrated circuits», na revista *Electronics*, vol. 38, nº 8, Abril de 1965. Este texto suscitou uma forte aceleração da inovação ao incitar os investigadores a antecipar o aumento dos desempenhos e a conceber sistemas que utilizem uma potência superior à disponível na altura das suas pesquisas.

para fins de eficácia, a nossa inteligência continua bastante superior. Esta situação, responde Kurzweil, é apenas provisória, porque se prende com facto de os mais aperfeiçoados dos nossos computadores actuais serem ainda muito mais simples do que o cérebro humano. Mas a aceleração do progresso permite afirmar que, por volta de 2020, os computadores conseguirão igualar a sua capacidade de memória e velocidade de cálculo. Por conseguinte, quando os computadores tiverem alcançado o nível humano no que respeita à compreensão dos conceitos abstractos, ao reconhecimento das formas e outros atributos da nossa inteligência, tornar-se-á possível aplicar as suas competências à totalidade do saber adquirido pela humanidade – tal como aos conhecimentos acumulados pelas máquinas. Será, pois, doravante impossível fazer uma clara distinção entre as capacidades da inteligência humana e as da máquina. «Veremos surgir na Terra, no nosso século, uma nova forma de inteligência», afirma Kurzweil com entusiasmo. E a existência desta nova inteligência não tardará a produzir efeitos sobre todos os aspectos da actividade humana, sobre a natureza do trabalho, da educação, da política, das artes e até mesmo sobre a ideia que teremos de nós próprios. No fim, fixado em 2099, «o pensamento humano fundir-se-á com o mundo das máquinas inteligentes inicialmente criadas pela espécie humana. O conceito de ser humano transformar--se-á profundamente».

No entanto, nem todos partilham este optimismo. Esta promessa constitui, pelo contrário, uma ameaça, na opinião de Bill Joy, director científico (*Chief scientist*) da empresa informática *Sun microsystems*, o inventor da célebre linguagem de programação Java, o homem que presidiu à «Comissão americana sobre o futuro da investigação nas tecnologias de informação». Bill Joy reage ao anúncio de Kurzweil através de um artigo com um título estrondoso: «Por que é que o futuro não precisa de nós.» ([12]) Neste texto, que tem a dimensão de um verdadeiro ensaio, mostra que as tecnologias mais poderosas do século XXI, a engenharia genética, as nanotecnologias e a robótica ameaçam, de

---

([12]) B. Joy, «Why the future doesn't need us», in *Wired Magazine*, 8 de Abril de 2000, p. 23; este artigo está disponível no site: http://www.wired.com.

facto, provocar a extinção da espécie humana. Se insiste na ideia de uma convergência entre a engenharia genética, a nanotecnologia e a robótica é, portanto, para alertar que estamos a trabalhar para a nossa própria perda. Joy – que poderia seguramente figurar entre os alvos do *Unabomber*; ele que, como confessou, viveu realmente durante algum tempo com medo de ser a próxima vítima, à semelhança do seu amigo David Gelernter, gravemente ferido em 1993 ([13]) – descobriu em 1998 a argumentação de Theodore Kaczynski ao ler um excerto do seu *Manifesto* reproduzido no manuscrito de Ray Kurzweil sobre as máquinas espirituais ([14]) (ver, no final, o meu texto sobre o *Unabomber*). Afirma ter ficado perturbado com esta leitura: «Custa-me um bocado, mas o seu raciocínio merece atenção», escreve ele, após ter exprimido novamente a sua indignação face aos actos criminosos do matemático neo-anarquista. Depois cita *in extenso* a passagem do *Manifesto* dedicada à extinção da espécie humana.

Faz uma pungente autocrítica quando confessa não se ter apercebido dos problemas éticos associados ao seu domínio de investigação. Tal como todos os cientistas após Hiroxima, explica ele, tinha certamente clara consciência dos problemas ligados à expansão das grandes tecnologias do século XX – nucleares, biológicas e químicas (NBQ) –, mas estava longe de imaginar que as tecnologias do século XXI iriam levantar outros problemas ainda mais graves. «Embora tivesse consciência dos dilemas morais associados às consequências de algumas tecnologias em domínios como a pesquisa em armamentos, estava longe de mim a ideia de que, um dia, eles poderiam surgir no meu próprio sector.» É que a própria interligação dos três tipos de novas tecnologias – genética, nanotecnologias e robótica (GNR) – vai «potencializar» a propriedade que lhes é comum – a capacidade de *auto-reprodução*. «Uma bomba só explode uma vez; um robô, em contrapartida, pode proliferar e rapidamente escapar a qualquer controlo.»

([13]) No dia 24 de Junho de 1993, no seu gabinete na Universidade de Yale, o informático David Gelernter perdeu um olho e parte da mão direita ao abrir um pacote enviado por correio.
([14]) R. Kurzweil, *The Age of Spiritual Machines*, Nova Iorque, Viking Penguin, 1999.

Bill Joy, à sua maneira, adere às teses de Kurzweil. Se considerarmos os recentes progressos realizados no domínio da electrónica molecular – em que átomos e moléculas isoladas substituem os transístores litográficos –, assim como nas tecnologias à escala *nano*, tudo indica, na sua opinião, que, por volta de 2030, poderemos produzir unidades um milhão de vezes mais potentes do que os actuais computadores pessoais.

A combinação desta formidável potência informática com os progressos realizados em matéria de manipulação no domínio da física, e com os realizados em genética, abrirá possibilidades imensas.

Daí este quadro do futuro, em que vemos um dos mais influentes gurus da informática voltar-se contra a técnica para cuja evolução ele próprio contribuiu.

Uma vez criado o primeiro robô inteligente, adverte ele, só faltará dar um pequeno passo para criar uma espécie inteira: robôs capazes de fabricar cópias elaboradas de si mesmos. Colocar-se-á então, e já se coloca hoje, uma questão crucial: «Sendo conhecido o temível poder destas novas tecnologias, será que não nos deveríamos interrogar sobre as melhores formas de coexistir com elas? E se, a prazo, o desenvolvimento dessas tecnologias pode ou deve *ameaçar a nossa espécie*, será que não deveríamos avançar com a maior prudência possível?» Iremos nós, humanos, resignar-nos a ser simples extensões das nossas tecnologias? Que hipótese teremos então de permanecer seres humanos no sentido actual da expressão? Será que, para preservar a nossa espécie, teremos de tentar conquistar a galáxia e instalarmo-nos noutros planetas, bem longe da Terra, o mais depressa possível? Bill Joy evoca o fascinante livro de Carl Sagan – o astrofísico americano e autor de ficção científica –, *Pale Blue Dot* ([15]), que, em 1994, descrevia a vida futura da espécie humana no espaço.

Para concluir, cita o filósofo americano Henri David Thoreau: «Não somos nós que apanhamos o comboio, é o comboio que nos apanha.» E adverte: «A descoberta fundamental da capacidade de auto-re-

---

([15]) C. Sagan, *Pale Blue Dot: A Vision of the Human Future in Space*, Nova Iorque, Random House, 1994.

produção descontrolada no domínio da engenharia genética, das nanotecnologias e da robótica poderá chegar brutalmente, renovando o efeito surpresa do dia em que se soube da notícia da clonagem de um mamífero»([16]). Bill Joy declara então, de forma teatral, que estaria pessoalmente preparado para desistir da sua actividade, se isso fosse moralmente indispensável.

Claro que podemos ironizar. Não é difícil associar os cenários criados por estes engenheiros, com recurso a curvas e cálculos, a romances e filmes de ficção científica. Eles próprios não hesitam, aliás, em fazer essas associações. A cena primitiva foi, sem dúvida, criada por Hans Moravec em *Mind Children: The Future of Robot and Human Intelligence*. Mostra um ser humano que transfere a mente para um computador através de uma lipoaspiração craniana. Não podemos deixar de pensar na cena principal do filme *Existenz* (1999), do realizador canadiano David Cronenberg. A ideia de que o conteúdo do pensamento humano pode ser transferido sem danos para um novo suporte foi retomada pelos agora célebres raelianos, que fazem disso o complemento da clonagem para prometer a vida eterna às suas ovelhas. A isto, podemos também juntar o espírito sonhador do grande matemático americano Norbert Wiener, um dos fundadores da cibernética em 1948, que pensava poder um dia «teletransportar» um ser humano ([17]). E este último sonho inspirou certamente Gene Roddenberry, criador da série *Star Trek* (1966), em que cada episódio, de facto, mostra o «teletransporte» do capitão James T. Kirk e do seu imediato cientista, M. Spock, da nave «USS Entreprise» até à superfície do planeta que sobrevoam. Podemos vê-los a desmaterializar-se, dispersar-se e, depois, voltarem a materializar-se e reorganizar-se, inalterados, no ponto de chegada.

Desde há cerca de vinte anos que os romances acerca da pós--humanidade ocupam lugar nas estantes das livrarias. Acabaram por

---

([16]) J.-F. Collange, L. M. Houdebine, C. Huriet, D. Lecourt, J.-P. Renard, J. Testard, *Faut-il vraiment cloner l'homme?*, Paris, PUF, 1998.

([17]) N. Wiener, *The Human Use of Human Beings: Cybernetics and Society*, Nova Iorque, Da Capo Press, 1950.

constituir um fenómeno literário ([18]) nos Estados Unidos. Todos eles desenvolvem a ideia da separação dos corpos e das mentes, do transporte intacto do pensamento, assim como, para alguns, da recomposição mecânica dos nossos corpos livres da carne e das suas pulsões.

Um aspecto de todos estes textos científicos, tecnológicos ou literários não pode deixar de chamar a atenção: o vocabulário religioso e a presença insistente de temas teológicos. Poderia dizer-se que se trata apenas de retórica. Mas isso seria uma ofensa à retórica, que não pode ser tratada como simples acessório de um suposto pensamento puro; sobretudo, seria negligenciar a verdadeira convicção partilhada por quase todos aqueles pensadores e que vai buscar a sua inspiração a uma longa tradição. A propósito deles, falou-se de uma «religião da tecnologia»([19]), num sentido que não pretende ser, de todo, metafórico.

A representação repetitiva da imortalidade do pensamento, por exemplo, não pode deixar de evocar esquemas da teologia cristã, quando a vemos associada, com insistência, à ideia do apocalipse e do regresso ao Paraíso terrestre.

O caso de Edward Fredkin foi várias vezes dado como exemplo. Este homem, que trabalhava no programa de investigação informática do MIT, estava obcecado com o apocalipse, que considerava de tal forma iminente que construiu um abrigo pessoal antinuclear nas Caraíbas. Concebia a pesquisa em inteligência artificial como a única hipótese de salvação do género humano, o meio pelo qual a razão triunfaria da sua loucura. Considerava o universo como um imenso computador e decidiu escrever um programa («o algoritmo global») que iria trazer a paz e a harmonia aos homens. No vasto universo, escreve ele, o nosso mundo é apenas uma «santa pantomina de Deus».

([18]) N. Katherine Hailes, *How we Became Posthuman: Virtual Bodies in Cybernetics, Literature, and Informatics*, Chicago, University of Chicago Press, 1999. Neste profuso livro, a autora oferece um vasto quadro da literatura e dos filmes acerca da pós-humanidade, desde *Simulacra*, de Philip K. Dick, até a *Blood Music*, de Greg Bear, ou *Terminal Games*, de Cole Perriman.

([19]) David F. Noble, *The Religion of Technology* (1997), Nova Iorque, Penguin Books, 1999.

Claro que não é difícil passar da ideia da transferência da mente para um suporte informático, para a ideia da sobrevivência de uma experiência pessoal, ou mesmo de uma alma individual, para além da morte. Com o conforto suplementar de que as capacidades desta alma, assim libertada do corpo (ou seja, segundo os puritanos, do mal), seriam literalmente exaltadas.

Moravec também joga com o vocabulário da transcendência. Felicita-se por, em breve, podermos conquistar a imortalidade pessoal anunciada pelos textos sagrados. Earl Cox vai mais longe: «um sistema de mente» (*mind*) tal como o que vai surgir, livre dos constrangimentos biológicos a que estamos sujeitos, «representando o último triunfo da ciência e da tecnologia, vai transcender os tímidos conceitos de Deus e da divindade de que actualmente dispomos» ([20]).

Será que devemos considerar este tom religioso dos escritos e discursos dos primeiros apóstolos da pós-humanidade como uma característica especificamente associada ao papel da cultura bíblica na tradição intelectual e política dos Estados Unidos ([21])? Não há dúvida de que, neste país e por essa razão, a expressão dessas especulações é mais aberta do que noutros. Mas a história da tecnologia enquanto projecto de racionalização da técnica mostra claramente que estes modernos engenheiros têm, neste domínio, antepassados muito antigos, recrutados ao longo de séculos nas terras da velha Europa.

Uma concepção economista da História – de que o marxismo oficial deu uma versão caricatural ([22]) – foi durante muito tempo obstáculo a um estudo sobre o primeiro impulso espiritual daquilo a que Georges-Hubert de Radkowski chama «atitude técnica». Os historiadores concentraram a atenção nos debates, verdadeiramente exaltantes e desconcertantes, que animaram o século XVII – Bacon, Galileu, Descartes, Huyghens ou Leibniz, como figuras de proa antes do triunfo de Newton. Só muito depois é que alguns repararam nas figuras veemen-

---

([20]) Gregory S. Paul e Earl Cox, já citado, pp. 1-7. O vocabulário da encarnação, da imortalidade e da ressurreição impregna os textos dos promotores da Vida Artificial.

([21]) D. Lecourt, *L'Amérique entre la Bible et Darwin*, Paris, PUF, 1998.

([22]) J. D. Bernal, *Science in History*, 4 vols., Boston, MIT Press, 1971.

tes e dolorosas, mantidas no esquecimento, de Giordano Bruno e de Tommaso Campanella, vítimas físicas e intelectuais dos seus trabalhos herméticos, considerados heréticos, e das suas rebeldias políticas ([23]). Este momento grandioso assegurou à Europa e ao Ocidente um duradouro avanço decisivo em matéria científica e técnica sobre um mundo que, em muitos domínios, estava à sua frente – como o demonstra a história da matemática ou da óptica, na China ou nos países árabes. Mas esse momento havia sido preparado há muito por uma visão teológica do homem que remonta aos textos da tradição milenarista do pensamento cristão.

No início da Idade Média, esta tradição rompeu com a concepção negativa prevalecente, desde Santo Agostinho, do significado das técnicas. Até então, imputava-se a existência das técnicas à Queda. Não está escrito que, no Paraíso, Adão não trabalhava e, por isso, não precisava da técnica? Este relato não equivalia a uma condenação do trabalho, a um elogio, no mínimo, da ociosidade? Doravante, o progresso das técnicas surge, pelo contrário, como um meio de preparar a salvação ([24]). A Europa carolíngia convence-se de que o progresso técnico constitui um aspecto da virtude cristã. Encorajados por Carlos Magno e por Luís, o Piedoso, patrono da reforma monástica, os beneditinos favorecem esta reavaliação ao ponto de promover o que alguns historiadores propõem chamar a «revolução industrial medieval». No século XII, Hugues de Saint-Victor, no seu muito influente *Didascalicon* ([25]), exprime perfeitamente o projecto de restituir ao homem a semelhança original a Deus. Não tinha sido ele criado, de acordo com o próprio texto da Bíblia, à Sua imagem? Diz o teólogo que o homem pode, pelas artes mecânicas, recuperar esta semelhança perdida, arruinada pelo pecado original, restaurando as suas forças físicas e reencontrando o caminho do domínio da natureza que lhe havia sido prometido desde o sexto dia da Criação.

([23]) F. Yates, *Giordano Bruno et la tradition hermétique*, Paris, Dervy-Livres, 1988.
([24]) G. Ovitt Jr., *The Restoration of Perfection: Labor and Technology in Medieval Culture*, New Brunswick, Rutgers University Press, 1987.
([25]) H. de Saint-Victor, *L'Art de lire. Didascalicon*, Paris, Éditions du Cerf, 1991.

Recuperar pelas próprias forças humanas a perfeição de Adão no Paraíso através da aplicação da inteligência aos meios técnicos, tal parece ser ainda a grande ambição atribuída aos cristãos pelo célebre cisterciense de Calábria, Joaquim de Flore, na segunda metade do século XII. E o filósofo, teólogo e cientista inglês Roger Bacon mostra-se, neste ponto, digno herdeiro desta tradição, quando, no século seguinte, antecipa o extraordinário projecto de construir veículos automóveis, barcos, submarinos e aeroplanos em textos inspirados de alcance enciclopédico que não deixaram de nos surpreender ([26]). Foi por estabelecer uma relação directa entre a técnica e a transcendência, por razões teológicas, que o franciscano encorajou o papa a apoiar as artes úteis. Mas será que devemos considerá-lo como verdadeiro moderno? Claro que não. Porque o seu pensamento, tal como o dos contemporâneos que partilhavam os seus projectos, não estava virado exclusivamente para o futuro. Olhava para o passado, porque pensava que a humanidade já conhecia todas as artes úteis desde o tempo em que o homem ainda reflectia a imagem de Deus. Estava convicto, tal como muitos dos seus contemporâneos, mais ou menos dados à «magia natural» como ele, de que essas artes tinham sido perdidas, esquecidas devido à Queda, e que poderia voltar a descobri-las e restaurá-las. Impôs-se assim a imagem de Adão como um ser omnisciente e omnipotente. Esta imagem tinha a capacidade de inspirar o nosso desejo de fazer avançar as ciências e as artes. Criar, pela ciência aplicada às técnicas, «um novo Adão» ([27]), eis um novo e pio empreendimento! Percebe-se como a concepção da Idade Média – absorvida na vida contemplativa, dedicada ao mero comentário dos textos sagrados, desatenta às artes mecânicas antes de a modernidade vir subitamente despertá-la para a «vida activa» (Hannah Arendt), libertando-se da tutela intelectual dos mosteiros – se revela parcial e, além disso, falsa, porque submetida a preconceitos «progressistas» de outro tempo.

([26]) R. Bacon, *Opus majus (1268)*, Filadélfia, University of Pennsylvania Press, 1928.

([27]) C. Webster, *Great Instauration: Science, Medecine and Reform 1626-1660*, Londres, Gerald Duckworth, 1975, p. 46.

Quer queiramos quer não, Francis Bacon, o primeiro mestre da filosofia anglo-saxónica do século XVII, situa-se, neste ponto, na continuidade desta tradição medieval no próprio momento em que convida os contemporâneos a desembaraçarem-se da escolástica e a dotarem-se de um «novo instrumento» para apreender o mundo e transformá-lo em proveito do maior número de pessoas. Ao contrário de René Descartes, seu contemporâneo, nunca coloca o valor da ciência nas «sementes das verdades eternas» que descobriríamos graças a ela nos nossos espíritos geómetras, mas concebe-a como *technology*. Por isso, defende e promove uma concepção utilitária da actividade científica. Contudo, não se deve associar este interesse pela utilidade a uma filosofia «utilitarista». Para além do anacronismo, seria um erro de interpretação: o objectivo da actividade científica é claramente, sob o nome de «instauração» ([28]), a restauração milenarista da condição adâmica do homem, da sua perfeição original. O Chanceler de Inglaterra, à semelhança de Roger Bacon na sua época, não deixa de recordar que essa perfeição era a de um homem a quem Deus prometera o poder sobre o universo, o domínio sobre a Terra, oceanos e animais antes dele ser privado pela Queda.

Com Francis Bacon, o desenvolvimento da ciência só tem a tecnologia como objectivo. Este foi o principal papel histórico de um homem de quem se sabe, aliás, que não compreendeu bem a importância da utilização da matemática na concepção galileana da física. Essa concepção explica também o projecto dos fundadores da *Royal Society* na segunda metade do século XVII. Veja-se o título de um dos textos do muito cristão químico Robert Boyle: «*Some physio-theological considerations about the possibility of the ressurrection*» (*Algumas considerações físico-teológicas sobre a possibilidade da ressureição*). Facilmente nos convencemos de que os puritanos seguidores de Bacon, empenhados na indústria, comércio, construções de estradas, expedições coloniais, etc., mesmo na América, viam a concepção moderna da tecnologia como destino «natural» da ciência sob o impulso de um projecto medieval de natureza teológica!

([28]) F. Bacon, *Instauratio magna*, Oxford, Oxford University Press, 2000.

Como não mencionar hoje o impressionante texto que figura no final de *A Nova Alântida* ([29]), em que Francis Bacon anuncia que os homens poderão um dia criar uma nova espécie e tornar-se assim semelhantes a deuses ([30])? Sim, decididamente, os tecno-profetas podem orgulhar-se de uma antiga linhagem!

Assim se apresenta, na realidade, o debate actual entre biocatastrofistas e tecno-profetas. Este debate surge profundamente estruturado por duas grandes concepções teológicas cristãs acerca da situação do homem no mundo. São visões oriundas do mesmo texto bíblico, mas os seus adeptos interpretam-no em sentidos opostos. Um milenarismo optimista da grande restauração com uma esperança de redenção opõe-se a um milenarismo apocalíptico que só timidamente deixa perceber uma esperança de ressurreição.

Ao longo dos séculos, o particular exercício de pensamento a que, no Ocidente, se chama filosofia procurou registar o progresso das ciências para questionar a adesão dos seres humanos aos próprios dogmas que inspiram ou sustentam o seu desejo de saber. Os séculos XVI e XVII assistiram ao forte ressurgimento de tradições filosóficas como o epicurismo, que tentaram, de forma duradoura e eficaz, fazer frente às conclusões milenaristas que muitos grandes espíritos pretendiam retirar do movimento tecno-teo-lógico que seguimos em traços gerais.

Actualmente, pode ser oportuno recorrer às mesmas fontes de resistência filosófica para permitir que o pensamento científico reencontre o ímpeto e para que o pensamento técnico reafirme a vitalidade, longe das querelas que tentam prender esses pensamentos a alguma das grandes tradições teológicas invocadas.

Permitam-me acrescentar que a tradição teológica cristã beneficiaria com esta intervenção filosófica, porque o milenarismo – independentemente da forma em que se apresente – expôs sempre o cristianismo a explorações sectárias das quais teve de se defender várias vezes de modo a não se deixar arrastar para práticas tirânicas. Se essa tradição

---

[29] F. Bacon, *La Nouvelle Atlantide* (póstumo, 1627), já citado.
[30] Relembro o título do livro de L. M. Silver, *Remaking Eden: Cloning, Genetic Engineering and the Future of Humankind?* (1998).

encontra no milenarismo argumentos geralmente muito fortes para opor um certo ascetismo moral às corrupções dos costumes em períodos de crise, perde com o milenarismo aquilo que lhe poderia dar a grandeza: a sua exigente preocupação pela racionalidade. A América oferece-nos, todos os dias, o triste espectáculo deste facto. E, se continuarmos a evitar estas questões de fundo, podemos legitimamente recear que outros dogmatismos se revelem por outras razões – no islamismo, certamente, mas também no hinduísmo ou no judaísmo – e que venhamos a assistir, não a um «choque de civilizações», mas a uma luta de teocracias – as tecno-teocracias modernas ditas democráticas contra as clérico-teocracias à antiga.

III

A TÉCNICA E A VIDA

Os detractores da técnica nunca deixam de se referir ao que se convencionou chamar lei de Gabor, que afirma que «tudo o que é possível será necessariamente realizado», completada por: «todas as combinações possíveis serão exaustivamente tentadas». Da segunda fórmula, podemos inferir uma ideia elucidativa sobre o sistema das técnicas enquanto tal: «Um conjunto em que tudo comunica com tudo, a junção, mais cedo ou mais tarde, dos recursos aparentemente mais dispersos.» Oferece-nos também uma incisiva perspectiva histórica sobre «a história das técnicas, que surge não como a história de uma acumulação permanente, mas como a das suas restruturações recorrentes»([1]). No entanto, é à primeira fórmula que geralmente nos referimos para afirmar e deplorar a ideia de uma suposta fatalidade técnica que pesa sobre os seres humanos, que, agravada pela irreversibilidade de algumas invenções, chega ao paradoxo segundo o qual podemos ser considerados responsáveis – eminentemente responsáveis – por um destino que nos escapa absolutamente. Não faltam os pensadores que vêm endurecer a expressão: nós, homens, poderemos ser responsáveis por esse destino nos dominar!

Vimos como este paradoxo e estas aporias se ligam a uma identificação abusiva entre a tecnologia e a técnica, e, portanto, a uma concepção errónea das relações entre a técnica e a ciência. Esta ilusão e este

---

([1]) J.-P. Séris, *La technique*, p. 57, já citado.

erro são hoje quase inevitáveis, uma vez que não há qualquer descoberta científica que não seja seguida quase imediatamente – e em certos domínios a aceleração é impressionante – por uma realização tecnológica. É verdade que, na história do saber humano, começou por haver uma ciência aparentemente sem técnica. Foi a ciência dos primeiros gregos – matemática, musical e astronómica (^{2}). Mas também houve, sobretudo, inúmeras técnicas que precederam a ciência, algumas das quais esperam ainda ser abordadas por ela.

Vimos que o persistente mistério da junção destas duas actividades humanas no século XVII exige ser esclarecido por um recuo e um desvio históricos de grande alcance.

Será tudo isto apenas história antiga? Não vivemos no tempo da «tecnociência», em que a fusão de ambas se realizou há muito sob o comando da técnica, de tal forma que é impossível distinguir essas duas realidades? Já tive ocasião de discutir esta noção (^{3}), aparentemente elaborada pelo filósofo belga Gilbert Hottois a partir de uma fórmula de Jacques Ellul, um dos primeiros pensadores críticos do «sistema técnico».

Com efeito, é verdade que a técnica está presente, pela aparelhagem experimental, na maioria das investigações fundamentais. Na sua época, Gaston Bachelard criou o termo «fenomenotécnica» para designar esta união entre a técnica e a ciência na actividade racionalista da física contemporânea. Mas não é a técnica que governa; é a questão levantada e o problema científico formulado que comandam a acção dos investigadores. E embora os instrumentos sejam importantes e os orçamentos muito pesados, como no caso, por exemplo, da física das partículas, não é correcto afirmar, como por vezes se ouve, que já não se pode fazer distinção entre ciência fundamental e aplicação técnica. Esta tese parece, na verdade, bastante perigosa. Auguste Comte percebeu muito bem este ponto: «A inteligência humana, limitada a ocupar-se apenas de pesquisas susceptíveis de utilidade prática imediata, encontrar-se-

---

(^{2}) O que não significa que não tenha havido uma técnica grega. Cf. B. Gille, *Les mécaniciens grecs: la naissance de la technologie*, Paris, Le Seuil, 1980.

(^{3}) D. Lecourt, *Contre la peur. De la science à l'éthique une aventure infinie*, Paris, PUF, 1999.

-ia, só por isso, como observou de forma muito correcta Condorcet, completamente travada nos seus progressos, mesmo a respeito das aplicações a que teríamos imprudentemente sacrificado os trabalhos específicos; porque as aplicações mais importantes derivam constantemente de teorias formadas com uma simples intenção científica, e que muitas vezes foram cultivadas durante séculos sem produzir qualquer resultado prático» (⁴).

É interessante que esta bela página tenha sido escrita por um politécnico-filósofo inventor de uma doutrina – o positivismo – que tem uma máxima («Ciência, logo previdência; previdência, logo acção») de que nos lembramos geralmente, como o fiz, para melhor justificar vulgares concepções utilitaristas, de curto alcance, sobre a ciência.

O conceito de tecnociência, na verdade, não tem qualquer valor descritivo ou analítico e, em definitivo, serve apenas para acusar a ciência; para contrariar a sua imagem de actividade desinteressada e emancipada criada pelos cientistas do século XIX com uma complacência que pode ser considerada irritante. Agora, a ciência é mostrada, por contraste, como animada pela intenção exclusiva de controlar, explorar e normalizar todos os que caem sob a sua alçada, se não mesmo sob o seu jugo.

Não é difícil contestar estas acusações e restabelecer a verdade com base na ciência que se faz, sublinhando o seu carácter tão aventuroso e audacioso quanto rigoroso e modesto; sem, porém, cair na hagiografia dos estudiosos ou na idealização, ou mesmo idolatria, da famosa «comunidade científica», que sofre as paixões, contradições e fraquezas de todas as comunidades humanas.

Continua a haver um ponto obscuro: a realidade da técnica, sobre a qual poucos filósofos contemporâneos acharam por bem interrogar-se, deixando o tema ao cuidado de paleontólogos, etnólogos, historiadores e pedagogos (⁵).

(⁴) A. Comte, *Cours de philosophie positive*, 2ª lição.

(⁵) Em França, podemos mencionar as notáveis excepções, durante as últimas décadas, de Jean-Claude Beaune, Georges Canguilhem, François Dagognet, Jean-Yves Goffi, François Guéry, Georges-Hubert de Radkowski, Jean-Pierre Séris, Gilbert Simondon e Bernard Stiegler.

As biotecnologias não nos permitem persistir nesta atitude de falta de atenção e de ignorância que acabará por ser considerada pura leviandade. Com efeito, veremos como muitas das interrogações que formulámos, assim como os medos que evocámos no início podem ser esclarecidos graças a tal análise. Melhor: abrir-se-á um caminho que parece favorável a uma recepção crítica e dinâmica, positiva e normativamente enquadrada das inovações que se nos oferecem no meio do alvoroço teológico-político-mediático do grande medo universal.

É o enraizamento da actividade técnica na luta do ser vivo com o seu meio que começa por reter a atenção. E se inscrevermos o homem no «fluxo do vivente», como convém, não se pode pensar a realidade técnica sem considerá-la como uma dimensão essencial dos seres humanos, cuja principal característica consiste em mostrar-se em perpétuo devir, movidos por uma permanente dinâmica construtiva e destrutiva.

Este devir e dinâmica constituem o ser singular de cada um desses seres. Portanto, a técnica participa plenamente na individuação de cada um; responde a normas vitais que estruturam a sua luta com o meio; veicula normas sociais ligadas ao seu investimento imediato pela economia ([6]). Quando cada um se refere a si mesmo, naquilo que sente como sua singularidade, refere-se, evidentemente, apenas a uma determinada etapa do processo. Enquanto humano, só se mantém no ser falando consigo mesmo do seu devir sob a forma de fábula.

Gilbert Simondon demonstrou, de uma vez por todas, que a noção de indivíduo deve ser pensada a partir da noção de individuação, e não o contrário, como fez toda a tradição filosófica e psicológica dominante num ocidente marcado pelo hilemorfismo aristotélico. Simondon insistiu no facto de o indivíduo ser sempre apenas uma fase provisória e até precária do processo que coloca em confronto uma realidade em devir e o meio com que ela se encontra relacionada – o seu «meio associado». É necessário realçar o elo muito estreito que existe entre esta fortíssima tese ([7]) e o seu trabalho mais célebre sobre

---

([6]) G. Le Blanc, *La vie humaine: anthropologie et biologie chez Georges Canguilhem*, Paris, PUF, 2002.

([7]) G. Simondon, *L'individu et sa genèse physico-biologique (l'individuation à la lumière des notion de forme et d'information)*, Paris, PUF, 1964.

«o modo de existência do objecto técnico» (⁸). Inscrita no devir do ser vivo, como mostraram, na sua época, pensadores como Ernst Kapp (⁹) ou Alfred Espinas, a técnica humana participa, com efeito, na definição do objecto no interior de um meio técnico. É em relação a este meio que se individua e, depois, se individualiza de alguma forma. Assim individualizado, torna-se pessoa e, como se costuma dizer, sujeito de direito. Significa que é objecto de uma construção jurídica – normativa – que deve levar em conta as normas «naturais» que presidiram à sua génese. A técnica participa na individuação dos seres humanos que se vêem assim investidos de relações determinadas entre si, e mesmo relações que cada um deles mantém consigo mesmo, de si a si, num diálogo constante, mas cheio de lacunas, fulgores e vertigens.

Consideremos o trivial exemplo – que não é de Simondon – do telemóvel, que impera actualmente nos nossos modos de comunicar. Trata-se de um objecto técnico que só se individualizou progressivamente no interior de um determinado meio técnico, industrial e humano. Sabemos que a génese deste objecto deve ser pensada, não a partir da sua realidade actual – provisoriamente – bem individuada, mas a partir de um conjunto de relações que reuniu em si, inscrevendo-se num meio (fortemente concorrencial quanto à sua dimensão económica) em que algumas dessas relações permaneceram ou ainda permanecem, até que haja outra inovação, não individuadas.

Voltemo-nos, agora, já não para o objecto, mas para o sujeito – que, neste caso, designaremos por utilizador. Claro que este utilizador estará também, simultaneamente, submetido a uma dinâmica de individuação – que lhe possibilita ou não a utilização do telemóvel (¹⁰). Esta individuação só é concebível colocando em jogo um meio técnico e humano também ele modificado. Passemos por cima das numerosas intervenções que fariam surgir análises concretas muito rigorosas. Essas

---

(⁸) Um estudo ainda inédito de Jorge William Montoya, investigador colombiano, mostra-o com toda a clareza.

(⁹) E. Kapp, em *Grundlinien einer Philosophie der Technik* (1877), apresenta a teoria bem argumentada da «projecção orgânica» como genealogia da técnica.

(¹⁰) Pois não esqueçamos o número daqueles que a técnica moderna deixa pelo caminho. Infelizes «tecnopatas» que sofrem uma brutal exclusão da comunidade dos seus contemporâneos.

análises revelar-se-iam, sem dúvida, úteis aos engenheiros de telecomunicações, que em geral têm grande tendência para considerar que a nova técnica «impor-se-á» aos utilizadores para bem deles, e que correm o risco de se expor, em caso de recusa, a dissabores financeiros por vezes graves ([11]). Limitemo-nos, portanto, a uma fórmula incisiva: o tipo humano que se desenvolve «com telemóvel» ainda não revelou todas as suas potencialidades. Mas parece já muito diferente daquele que ignorava este objecto técnico. Não porque lhe faltasse um serviço de que dispõe hoje, mas porque o seu próprio ser – ou seja, o seu devir – é profundamente modificado, inflectido, tanto na sua relação «objectiva» com o tempo, como também no conjunto das suas relações afectivas com os outros – ausência, expectativa, impaciência, ciúme, amor louco, ódio absoluto encontraram neste objecto técnico forma de matizar e ampliar o espectro dos sentimentos e dos pensamentos que ele motiva... Não, a técnica não é exterior à vida humana. Originária da vida, encontra nela o seu lugar, aí insere e compõe as suas normas. E este lugar é o de indutor de individuação que abrange correlativamente objectos e sujeitos.

Quando se aplica esta noção ao ser humano abstraindo o meio em que ele se individua concretamente, e se ignorarmos o processo do seu devir-indivíduo, acabamos por assimilar o indivíduo a um átomo ou a uma mónada. Significa encerrá-lo na ilusória interioridade sem densidade de um triste «ele mesmo» que despreza os laços vitais que pode manter com os meios físico, biológico, técnico e social do seu desenvolvimento.

É verdade que a técnica se enraíza no confronto de um organismo com o seu meio – que ela polariza –, e pode descobrir-se em cada técnica humana, em cada um dos seus objectos, uma origem orgânica, como mostra Kapp. Também parece claro que o projecto tecnológico, enquanto projecto sistemático, racionalmente aplicado à totalidade das técnicas humanas, foi inicialmente inspirado por uma visão teológica

---

([11]) Ver o destino funesto do videodisco no início dos anos 80 e, mais recentemente, as dificuldades «imprevistas» da norma UMTS que deverá conduzir a um aumento significativo das velocidades de transmissão com débitos superiores.

ou outra da condição humana. Mas, como observa Georges-Hubert de Radkowski, a técnica, por si mesma, não tem sentido, a não ser o de pura superação de uma situação de impotência persistente face ao que, tanto no homem como no seu exterior, constitui a natureza. Movido pelos desejos humanos, o desenvolvimento da técnica não é, porém, deixado à discrição da fantasia humana. Mas a partir do século XVII, na mesma altura em que se formula o «projecto tecnológico», esse desenvolvimento fica sujeito às exigências de uma realidade completamente diferente: a economia, que não deixa de regular a sua acção em nome de um princípio... de economia: redução dos custos e racionalização dos meios em função de um objectivo de lucro. Mas o Ocidente elaborou várias concepções da economia. A versão ultraliberal, que começou por se impor nos Estados Unidos e, depois, em todo o mundo desde há várias décadas, fez surgir algumas sérias questões de direito acerca da «revolução *biotech*» e que contribuíram para suscitar as vagas de hostilidade que observámos.

É agora altura de evocar uma importantíssima questão de direito que tem consideráveis incidências económicas e que geralmente afecta de forma implícita os discursos éticos sobre as ciências da vida. Trata-se da questão da possibilidade de se patentear a vida e a propriedade intelectual.

Esta questão começou por tomar um carácter pungente nos Estados Unidos e, depois, na União Europeia durante os anos 80.

O primeiro «caso» foi constituído pelo processo *Diamond versus Chakrabarty*, que foi decidido pelo Supremo Tribunal americano em 1980, num clima económico muito favorável aos investimentos de capital de risco nas recentes empresas de biotecnologia.

A Comissão de Patentes (*Patent Office*) recusara a Ananda Chakrabarty uma patente sobre uma bactéria que ela tinha manipulado de maneira a que consumisse hidrocarbonetos. A Comissão argumentava que uma patente não podia ser atribuída a um organismo vivo por se tratar de um produto da natureza. Mas, o Supremo Tribunal anulou esta decisão afirmando que a questão do carácter vivo ou morto do objecto de inovação não tinha de ser levado em linha de conta; que a bactéria em questão não existia como tal na natureza; que tinha sido produzida por Chakrabarty e que, portanto, podia ser objecto de uma patente ([12]).

Após tal decisão, as questões não deixaram de afluir. Será que, com esta decisão, o Supremo Tribunal não estaria a retirar todos os obstáculos à patenteação de formas de vida superiores, como as plantas, os animais e, por que não, os seres humanos?

De facto, embora a Comissão tenha rapidamente feito saber que não se podia atribuir qualquer patente sobre seres humanos, atribuiu duas patentes sobre seres vivos durante os anos 80: uma sobre uma planta e outra sobre um rato. Foram igualmente atribuídas patentes sobre genes humanos que tinham sido modificados de tal forma que adquiriram funções que não possuíam na natureza – por exemplo, a produção de insulina. «Complementary DNA» foi o nome dado a esses genes que não eram simples produtos da natureza.

Na época, a Comissão Europeia seguiu outro caminho ao recusar, em 1995, por razões filosóficas ditas «éticas», patentear os organismos vivos ou os seus genes. A concorrência internacional depressa acabou com essas considerações. Em 1998, a mesma Comissão Europeia propôs autorizar as patentes sobre o ser vivo, o que, no entanto, foi recusado pelo Parlamento Europeu, em parte pelas mesmas razões éticas.

Foi evidentemente com o programa de descodificação do genoma humano, lançado por J. Craig Venter, em concorrência com Francis Collins, nos anos 90, que a questão das objecções éticas às patentes sobre os seres vivos adquiriu mais vivacidade e que se organizou uma oposição virulenta por um grupo de organizações de activistas heteróclitos reunindo, em torno do ecologista mediático e mundano Jeremy Rifkin, os defensores dos direitos dos animais, os ecologistas políticos e alguns extremistas religiosos. A sua posição era radical, como se imagina: os genes humanos, sob qualquer forma, não podem ser

---

([12]) D. Kevles e A. Berkowitz, «The gene patenting controversy: A convergence of law, economic interests, and ethics», *Brooklyn Law Review*, vol. 67, Inverno de 2001; D. Kevles, «Diamond v. Chakrabarty and beyond: The political economy of patenting life», in *Private Science: Biotechnology and the Rise of the Molecular Sciences*, org. A. Thackray, Filadélfia, University of Pennsylvania Press, 1998.

objecto de qualquer patente. Assistiu-se assim, durante os anos 90, a um longa discussão acalorada no Congresso americano entre os que enalteciam os interesses económicos da patenteação e os apoiantes de uma estrita posição ética de interdição defendida por diferentes grupos de pressão religiosos.

Em Julho de 1998, o Parlamento Europeu inverteu as posições e autorizou a patenteação de sequências isoladas do corpo, para as quais havia sido descoberta uma «aplicação industrial». Mas esta autorização tinha de obedecer a critérios e controlos éticos, nessa época, muito mais severos do que os dos Estados Unidos.

O direito das patentes foi assim sujeito a uma dura prova, e muitas ideias falsas foram veiculadas pelos opositores à patenteação do ser vivo. As três mais graves consistem em afirmar que a patente seria um instrumento do segredo, que travaria, deste modo, as investigações e que impediria outras patentes. Uma patente, pelo contrário, apresenta-se como um direito «negativo»: não um direito de exploração, mas uma interdição a terceiros de explorar durante um prazo limitado e uma *obrigação de divulgar* a invenção, que não deve ser uma revelação do que existe, mas, pelo contrário, uma obrigação de tornar a novidade utilizável num sentido prático.

As regras são, pois, bastante claras. E não se pode voltar a explicar a grande encenação que teve lugar durante anos sem o desejo de semear o medo de uma aplicação ao ser humano como tal, por razões que, para além da economia e ao abrigo da ética, são, no sentido mais rigoroso, políticas!

Actualmente, a questão da protecção dos medicamentos, por exemplo, mediante patentes que tornam o seu uso impossível para populações indigentes, depende de uma ética da generosidade que deveria ser coerciva, mas, como veremos, só o poderá ser a custo de uma hipotética alteração geral da nossa concepção do ser humano.

IV

HUMANO PÓS-HUMANO

As biotecnologias actuais vêm modificar brutalmente alguns dados essenciais do processo humano de individuação. Ao multiplicarem e aperfeiçoarem os objectos técnicos (medicamentos, instrumentos...) utilizados nas instituições biomédicas, adquiriram os meios de modificar as normas vitais inerentes ao devir humano de cada um de nós. Como Georges Canguilhem escreveu várias vezes, na esteira de Kurt Goldstein ([1]), «o problema do indivíduo não se divide». Ao agir sobre a procriação, desenvolvimento do embrião, nascimento, sexualidade, envelhecimento e morte, estas tecnologias transformam as condições inerentes às normas vitais do processo de individuação que constitui a pessoa como sujeito.

Em determinada situação, uma inovação como o diagnóstico pré-implantatório pode ser considerada boa, porque será encarada de um ponto de vista estritamente terapêutico; noutra, será considerada a própria encarnação do mal, como acontece até hoje na Alemanha, porque este país, assombrado pela memória do eugenismo nazi, considera-a uma porta aberta para a selecção racial.

([1]) D. Lecourt, «L'individu chez Canguilhem», *in* Actas do colóquio realizado no Palais de la Découverte nos dias 6, 7 e 8 de 1990, por E. Balibar, M. Cardot, F. Duroux, M. Fichant, D. Lecourt e J. Roubaud, *Georges Canguilhem, philosophe, historien des sciences*, Paris, Bibliothèque du Collège international de Philosophie / Albin Michel, 1993.

As condições da procriação foram alteradas. Logo que a pílula contraceptiva foi posta à disposição das mulheres, iniciou-se uma revolução nos costumes (Lei Neuwirth, 14 de Dezembro de 1967). O que designamos por «libertação sexual» do Maio de 68 não se compreenderia sem esta inovação técnica, médica e jurídica que, de repente, aliviou os jovens dessa época do medo ancestral de uma gravidez não desejada e de um escândalo familiar. Esta revolução prosseguiu com a despenalização do aborto ([2]) e teve enormes consequências na individuação dos seres humanos: já não nos tornamos um ser humano singular da mesma maneira a partir do momento em que existem os meios técnicos para controlar o nascimento (ou o não-nascimento) de um ser vindouro. São aspectos bem conhecidos da experiência humana recente que marcaram uma alteração das relações entre os sexos, desde a prática do casamento e, gradualmente, da vida em comum, do próprio urbanismo, até à educação dos filhos.

Por ocasião de algumas decisões da justiça americana sobre a *Wrongful life* e do célebre processo Perruche decidido pela justiça francesa ([3]), vimos recentemente como é que as relações entre gerações podem também ser afectadas ([4]). Um erro de diagnóstico impediu que uma mãe que sofria de rubéola tivesse a possibilidade de interromper voluntariamente a gravidez; o filho nasceu deficiente e reclamou ser

---

([2]) Em França, a aprovação definitiva da lei Veil sobre a interrupção voluntária da gravidez, que autoriza o aborto durante as dez primeiras semanas de gravidez, data de 20 de Dezembro de 1974, resultante de um trabalho parlamentar de excepcional amplitude. E não é preciso ser grande especialista para perceber que muitas das reacções indignadas contra os novos métodos de procriação têm como fim, se possível, levar alguns governos – como o dos Estados Unidos – a rejeitar esta despenalização.

([3]) Em 17 de Novembro de 2000, o Supremo Tribunal de Justiça pronunciou o seguinte acórdão: «Como os erros cometidos pelo médico e pelo laboratório na execução dos contratos firmados com a Sr.ª X... impediram que ela exercesse a sua opção de interromper a gravidez a fim de evitar o nascimento de um filho portador de deficiência, este pode exigir ser indemnizado pelo prejuízo resultante dessa deficiência causada pelos erros citados.» Este acórdão foi pronunciado a favor de Nicolas Perruche, nascido deficiente na sequência de uma rubéola não detectada durante a gravidez da mãe, mesmo quando esta informara os médicos da sua vontade de interromper a gravidez caso se confirmasse o diagnóstico daquela doença.

([4]) O. Cayla e Y. Thomas, *Du droit de ne pas naître. À propos de l'affaire Perruche*, Paris, Gallimard, 2002; M. Iacub, *Penser les droits de la naissance*, Paris, PUF, 2002.

indemnizado pelo erro cometido pelo médico e pelo laboratório antes do seu nascimento. Nesta ocasião, descobriu-se como alguns dos representantes mais eminentes das faculdades de Direito podiam, de repente, ficar afectados por uma vertigem e sustentar argumentos extravagantes, ao ponto de transformarem o requerimento do infeliz Nicolas Perruche na reivindicação de um fantasmagórico «direito de não nascer»! Ouvimos desenvolverem-se debates epistemológicos nos tribunais sobre a noção de «causalidade» que, confessemo-lo, deixaram os especialistas atónitos. A causalidade física é uma coisa. A imputação da responsabilidade de um erro é outra! Mais triste ainda: vimos pais de crianças deficientes aceitar esses raciocínios oriundos da escolástica mais medíocre e tomar partido, por vezes com um ódio implacável, contra o queixoso em nome da dignidade humana dos deficientes. Segundo eles, era como se a acção de Perruche, que porém visava apenas o erro das autoridades médicas, contivesse implicitamente a ideia de que a vida de um deficiente não valia a pena ser vivida. Poderia abrir caminho, ousaram alguns escrever, a alguma forma de ostracismo ou mesmo de genocídio.

Não vou sublinhar a hipocrisia que consiste, novamente, em *fugir* às questões tão melindrosas que se colocam concretamente (qualidade das poltronas, carências da hospitalização no domicílio, tratamentos das escaras por enxertos de pele, roubos e abusos de todo o género exercidos sobre pessoas sem defesa), que nas nossas sociedades, em geral, transformam a vida dos deficientes num inferno, sobretudo quando não têm ninguém ou não são ricos. O que impressiona neste caso é a «loucura Perruche» que se apoderou de alguns juristas e o insensato papel da imprensa que rapidamente se erigiu em juiz absoluto. Não menos impressionante foi a indolência do Parlamento que, sob a pressão mediática, teve a audácia – esquerda e direita unidas – de afirmar que o próprio Supremo Tribunal de Justiça, jurisdição suprema do país, tinha achincalhado o Direito com uma decisão criminosa! Este drama e esta trágico-comédia não se explicariam se este processo não tivesse exacerbado todas as interrogações anteriormente formuladas. Grande embaraço dos «anti-perruchistas»: para apresentar queixa em seu próprio nome, era necessário que, enquanto embrião, no momento do erro de diagnóstico, Nicolas Perruche fosse já uma pessoa. Isto não desagradaria aos que se opõem ao aborto. Mas, por outro lado, ao apresentar queixa depois de ter nascido, o jovem reafirmava com vigor o direito de a sua mãe interromper a gravidez. Direito de que ela não pôde fazer uso por causa do erro do médico que não detectou a rubéola.

Trata-se de procriação. Qual o verdadeiro papel que o médico deve aqui desempenhar. Trata-se de erro médico; trata-se de aborto. Trata-se, portanto, do estatuto do embrião humano. Que estatuto lhe atribuir? «Ser humano», como diz a lei? Pessoa potencial, potencialidade de pessoa ([5])?

Permitir-me-ão, mais uma vez, afirmar que nenhuma resposta *indiscutível* pode ser dada a estas questões.

Será que o embrião humano é humano? Esta pergunta lancinante tem um intenso valor passional porque alguns modos de vida característicos do Ocidente cristão procuraram justificações para as suas avaliações *morais* nesses dados biológicos – uma vez que a natureza era concebida como organizada em função do plano de um Deus criador. Alguns elementos de história mostram-se úteis para esclarecer a questão. Numa cultura profundamente marcada pelo cristianismo, a questão da *humanidade* do embrião organizou-se em redor da questão da aquisição da alma, concebida como princípio espiritual de origem divina. Ora, a tradição está longe de ser unânime. Pelo contrário, os Doutores da Igreja tiveram vivas controvérsias acerca deste assunto. Os que se ligam mais ou menos directamente à tradição de Aristóteles, consideram, tal como S. Jerónimo no século IV (e como Santo Agostinho), que uma alma não pode viver num corpo não formado. Haveria, portanto, «aquisição diferida». Posição ainda sustentada por S. Tomás de Aquino que, no século XIII, se faz intérprete oficial da posição de Aristóteles e estabelece com rigor a cronologia: a alma, segundo ele, chega ao embrião masculino após quarenta dias e ao embrião feminino oitenta dias depois. Do lado oposto estão os que aderem antes à tradição

---

([5]) P. Fédida, D. Lecourt, J.-F. Mattéi, C. Thibault, D. Thouvenin, C. Sureau, *L'embryon humain est-il humain?*, Paris, PUF, 1996.

estóica, como S. Basílio ou Gregório de Nissa, ambos Doutores da Igreja grega no século IV. Estes consideram que a alma aparece logo na concepção, introduzida no útero com o sémen. Posição que tinha sido defendida por Alberto Magno no século XIII e que seria oficializada em 1588 por Sisto V, papa entre 1585 e 1590, na bula «Effraenatam», revogada em 1591 pelo papa Gregório XIV. Afonso de Ligório, no século XVIII, um dos mestres da teologia moral da Igreja católica, retoma a doutrina tomista da aquisição diferida. Por conseguinte, a vitória da tese da aquisição simultânea, oficializada por João Paulo II, data apenas do final do século XIX!

A história destas controvérsias raramente evocadas não pode ser dissociável das tomadas de posição sobre a contracepção e o aborto, mas também, e sobretudo, sobre o valor do prazer sexual na vida humana, e deveria pelo menos levar a admitir que no princípio das questões ditas de «bioética» se encontra a questão *filosófica* do sentido dado à parte que se atribui ao prazer na condição da «pessoa humana».

Mas, o que entendemos exactamente por «pessoa humana» ([6])? Sempre invocada no âmbito dos debates que há alguns anos animam a bioética, esta noção não é em si mesma questionada. É considerada universal, eterna. Julgamo-la simples, ao passo que se trata de uma noção filosófica moderna laboriosamente constituída e várias vezes corrigida pelo pensamento ocidental. Uma noção activa e fecunda que contribuiu para formar o nosso modo de ser como qualquer outra grande noção filosófica. Comecemos pela palavra «pessoa». Remete essencialmente para o registo jurídico-político da existência humana; neste sentido, a noção surge como construção normativa, feita de forma particular já que a Roma antiga foi buscar o seu espírito à prática teatral.

Os historiadores do direito que estudaram a formação da noção de pessoa não deixaram de observar que o vocábulo latino «*persona*», antes de ter o sentido jurídico que lhe é atribuído, por exemplo, por Cícero em *De officiis* [*Dos Deveres*, Edições 70], designava a máscara de teatro. E pensaram poder estabelecer uma continuidade entre essa

---

([6]) Retomo aqui, com outra organização, alguns argumentos desenvolvidos no número especial de *Res Publica*, «Bioéthique et éthique médicale», Paris, PUF, Outubro 2002.

máscara e a do teatro grego – designada pelo mesmo nome do rosto (*prosopon*). Florence Dupont ([7]) demonstrou a profunda diferença que existe tanto entre essas duas máscaras como entre as duas concepções de teatro que se sucederam. O *prosopon* grego só esconde o rosto do actor para lhe dar o rosto da personagem. A máscara romana esconde o rosto, mas sem, porém, lhe dar outro rosto. Quando os Romanos procuraram uma etimologia para o termo *persona*, acharam «*personare*»: lugar de passagem da voz do actor. Erro significativo. O que lhes interessa na máscara do actor é isolar os traços característicos de uma maneira de ser. A historiadora diz, de forma excelente: «A máscara de Atreu, *iratus Atreus*, não é o rosto de um homem encolerizado, mas os traços da própria cólera.» Foi assim que a palavra «*persona*» pôde passar do teatro para o direito, para designar sempre «o papel». Os juristas romanos conservaram a memória desta teatralidade originária quando utilizavam o vocábulo «*persona*» como elemento essencial do «direito civil» que tinham inventado. Serviam-se dele para designar qualquer «lugar» abstractamente atribuído no teatro social do parentesco que eles tinham codificado. O objectivo era submeter a transmissão dos patrimónios a regras fixas. A «pessoa» manteve-se assim, durante séculos, distinta, por princípio, dos «indivíduos» humanos a que ela tinha por função atribuir papéis.

Um dos primeiros e maiores pensadores políticos modernos, Thomas Hobbes, que cita naturalmente o texto já mencionado de Cícero, fará desta noção o eixo da sua concepção de soberania: «É uma pessoa aquele cujas palavras ou acções são consideradas como pertencentes a ele ou como representantes das palavras ou acções de outro, ou de qualquer outra realidade a que as atribuímos por uma autoridade real ou fictícia. Quando as consideramos pertencentes a ele, falamos de uma *pessoa natural*; quando as consideramos representantes das palavras ou acções de outro, falamos de *pessoa fictícia* ou artificial» (*Leviatã*, cap. 16) ([8]). Mas este próprio desdobramento e o recurso à

([7]) F. Dupont, *L'orateur sans visage. Essai sur l'acteur romain et son masque*, Paris, PUF, 2000.

([8]) Ver os comentários de Franck Lessay, «Le vocabulaire de la personne», in *Hobbes et son vocabulaire*, org. de Yves-Charles Zarka, Paris, Vrin, 1992.

antiga que implica, as incompreensões a que deve ter dado lugar, mostram que já se realizara há muito um movimento que acabou por individualizar a pessoa.

É aqui que devemos evocar, de forma breve, o terceiro registo envolvido na constituição da noção: o registo teológico. A viragem encontra-se na obra de Boécio, o homem que, no século VI, desempenhou o papel decisivo para transmitir a cultura antiga – grega ou latina – aos filósofos medievais. Dele se dizia que foi o mestre da lógica da Idade Média e que tentou reconciliar Aristóteles e Platão. Foi a propósito do mistério da Trindade – a unidade da natureza das três pessoas divinas e suas relações mútuas –, em pleno período de controvérsias provocadas pelo nestorianismo e pelo monofisismo, que Boécio (em *Liber de persona et duabus naturis*) deu a seguinte definição de pessoa: «substância individual de natureza racional» ([9]). São Tomás de Aquino retomou os termos desta definição enfatizando a natureza racional do homem. Esta natureza consiste em ser uma pessoa que se submete, pelo exercício da razão, à «lei natural», lei esta que emana de Deus.

O melhor exemplo da tendência individualista dos teóricos modernos da política é, sem qualquer dúvida, John Locke. No seu célebre *Ensaio sobre o Entendimento Humano* (1690), escreve (§ 26, cap. 27 do Livro II): «Vejo o termo Pessoa como uma palavra que foi utilizada para designar precisamente aquilo que entendemos por "si mesmo". Em toda a parte em que um homem encontra aquilo a que «chama si mesmo», penso que outro pode dizer que aí reside a mesma pessoa.» Deste modo, Locke associa ao termo de pessoa, a identidade, a consciência e a memória. Visa o ser humano individual enquanto dotado de identidade reflexiva – por consciência de identidade. Em seguida, recordando-se da origem do termo, Locke acrescenta: «O vocábulo pessoa é um termo de tribunal que *apropria* acções, o mérito e o demérito dessas acções; e que, por conseguinte, pertence apenas a agentes inteligentes, capazes de Lei, de felicidade e de miséria.» As teorias políticas modernas ditas do «direito natural» corrigem e reorganizam

---

[9] Ver os comentários de Lambros Couloubaritsis no seu livro, *Histoire de la philosophie ancienne et médiévale*, Paris, Grasset, 1998.

estes elementos no século das Luzes antes de serem submetidos à prova da prática dos legisladores durante a Revolução Francesa e o Império.

A prática jurídica não podia dispensar a noção de «pessoa» para regulamentar, em novas bases, a transmissão dos bens e dos nomes. O Código Civil será testemunha disso, que não deixará de fazer referência ao direito romano. Como é que o indivíduo, doravante concebido como «átomo social», poderia aderir activamente, enquanto cidadão, à nova ordem jurídico-política se não fosse incitado a considerar-se ele próprio, a qualquer título, autor do seu próprio papel? Era necessário que, a custo de um baptismo *filosófico*, a «pessoa» se tornasse «humana»: libertada de qualquer ligação à transcendência divina, desempenha a sua função de ordem unindo o indivíduo-cidadão, enquanto «sujeito», à «humanidade». A noção de «pessoa humana» marca assim, na intimidade da consciência do indivíduo, a presença coerciva do universal ([10]).

Vimos que Kant, melhor do que ninguém, soube avaliar as exigências metafísicas de tal inovação. Para que esse sistema «funcionasse», era necessário que a humanidade saísse da sua simples existência empírica: a sua universalidade afirmada terá assim a idealidade de um mundo «supra-sensível» regido por puras leis morais. A noção de «pessoa humana» realiza o círculo que conduz do direito à moral, e da moral reconduz ao direito pela invocação de uma «natureza humana» assim concebida; a sua dignidade, declarada «absoluta», inspira o sentimento ético por excelência: o respeito (*Crítica da Razão Prática* [Edições 70]). Mas vimos que este círculo e este sentimento exigem o reforço de uma perspectiva religiosa que solicita a «fé racional» num Deus legislador. Conhecemos as célebres fórmulas enunciadas pelo filósofo na *Fundamentação da Metafísica dos Costumes* (1785) [Edições 70]. Baseando-se na oposição jurídica entre as coisas e as pessoas, escreve (II secção): «... ao passo que os seres racionais se chamam

---

([10]) Assim retocada pela filosofia sob a forma da noção de «pessoa humana», a construção jurídica da pessoa adquire valor antropológico. É aqui que reside, sem dúvida, a chave do desacordo que hoje opõe vivamente Yann Thomas, Marcella Iacub e Pierre Legendre.

pessoas, porque a sua natureza os distingue já como fins em si mesmos, quer dizer, como algo que não pode ser empregado como simples meio e que, por conseguinte, limita nessa medida todo o arbítrio (e é um objecto do respeito)» [obra cit., p. 68]. Lembro a fórmula do imperativo prático sobre o qual conclui: «Age de tal maneira que uses a humanidade, tanto na tua pessoa como na pessoa de qualquer outro, sempre e simultaneamente como fim, e nunca simplesmente como meio» [obra cit., p. 69]. Kant teve o grande cuidado de isolar como «inteligível» – mas incognoscível – o mundo das leis morais, cujas injunções tinham de ser concebidas por todos os seres humanos, enquanto pessoas, na forma de imperativos categóricos.

Consideradas em toda a sua amplitude, estas questões referem-se ao modo como se apresentam as normas vitais quando são devidamente desenvolvidas e repensadas pelas normas sociais que suportam os valores da existência humana.

Ora, verificamos que, desde há cerca de quarenta anos, a atenção de todos os que se dizem especialistas dos comportamentos humanos se concentra num aspecto da condição humana: a sexualidade e as suas normas. Libertada tecnicamente das antigas restrições procriativas, a sexualidade, no mundo ocidental, foi instalada no centro da individuação dos seres humanos. É suposto que ela reine aí como senhora omnipotente. Michel Foucault já tinha observado como é que o discurso psicológico tornou credível a ideia perniciosa de que tudo em nós se joga antes do sexto ano! Que se quisermos descobrir o segredo de uma vida, é para o balbuciante rebento do papá e da mamã que nos devemos voltar. Que é o sexo da criança que se deve investigar; e que é tão importante ao ponto de colocar o sujeito em posição de proferir sobre si um relato supostamente emancipador. A teoria do traumatismo infantil – versão ela própria infantil da teoria psicanalítica – fez agora todo o seu percurso. Reina nos ecrãs de televisão; há muito que fez a sua entrada nos tribunais, cujos processos são considerados de valor terapêutico tanto para as vítimas como para os culpados! E a sexualidade, objecto de propaganda incansável, tornou-se entretenimento incessante, suscitando um exibicionismo de massa em que todos se julgam interessantes, mas sem qualquer outro interesse na vida.

Sim, mais uma vez, deve haver um mal-entendido. E afirmou-se que a famosa libertação sexual só triunfou oficialmente sobre todos os tabus acompanhada, paradoxalmente, por um aumento regular da criminalidade sexual! Estranha libertação esta de uma palavra pré--formatada pelas autoridades psicológicas que atribuem o seu rótulo, ou mesmo o seu crédito, a uma pura chilreada autopromocional, bastante esquecida da profundidade dos textos do próprio Sigmund Freud ([11]).

O indivíduo vazio, fechado sobre si mesmo, receando ser descoberto no seu próprio exibicionismo, é convidado a cultivar o narcisismo que o fundador da psicanálise qualificava de sentimento oceânico. Na verdade, cada qual é convidado a viver a sua vida mesquinha cheia de inquietações, a mirar-se ao espelho e a interrogar-se ansiosamente para saber se o seu aspecto imitará, antes dos outros, o dos outros ([12])! É neste quadro geral e miserável que se inscrevem as proezas das bio-tecnologias.

Compreende-se, no mínimo, nestas condições, que provoquem tanta inquietação quando dizem respeito ao sexo – e, sobretudo, se propõem métodos de procriação que podem contornar os imperativos da união sexual ([13]).

Léon R. Kass, professor de sociologia na Universidade de Chicago e, nesta altura, presidente da Comissão de Ética da Casa Branca, exprime esta inquietação melhor do que ninguém. Autoridade moral da comunidade judaica, foi um dos mais resolutos opositores a uma eventual clonagem humana. Segundo ele, entre as novas técnicas, a clonagem é a que melhor revela a nossa possível «tragédia»: «*the tragedy of success*» ([14]). A sua argumentação merece ser seguida de perto ([15]). Se a clonagem se situa no prolongamento das outras tecnologias de re-

---

([11]) M. Iacub, *Qu'avez-vous fait de la libération sexuelle?*, Paris, Flammarion, 2002.

([12]) G. Châtelet, *Vivre et penser comme des porcs. De l'incitation à l'envie et à l'ennui dans les démocraties-marchés* (1998), Paris, Gallimard, 1999.

([13]) L. R. Kass e J. Q. Wilson, *The Ethics of Human Cloning*, Washington, The AEI Press, 1998.

([14]) L. R. Kass, «Triumph or tragedy: The moral meaning of genetic technology», conferência pronunciada no Temple Sinai, Michigan City, em 25 de Março de 2001.

([15]) Este livro apresenta-se como uma discussão das teses de L. R. Kass por J. Q. Wilson, que contesta a concepção da união sexual avançada pelo seu interlocutor.

produção (fecundação *in vitro*, mães hospedeiras, etc.), representa, porém, na sua opinião, algo de radicalmente novo, simultaneamente em si mesmo e pelas suas consequências previsíveis. A decisão que deveríamos tomar seria, simplesmente, saber se a procriação humana irá permanecer humana, ou se iremos entrar no caminho que conduz ao *Brave New World* de Aldous Huxley ([16]). De forma solene, Kass adverte: «É o futuro da humanidade que está nas nossas mãos».

Agora vem o argumento da natureza: «A reprodução sexuada – entendida no sentido da "geração de uma nova vida a partir de dois elementos complementares, um fêmea e o outro macho, normalmente através de um coito" – não existe por decisão, cultura ou tradição, mas por natureza.» É por natureza que todos os seres humanos têm dois progenitores; que cada criança é oriunda de duas linhagens que por ela se unem. Na geração natural, além disso, a constituição genética da progenitura é determinada por uma combinação de natureza e de acaso, mas não por desígnio humano. Cada criança participa no genotipo comum por natureza ao género humano, cada criança está igualmente próxima dos seus pais, cada criança é também geneticamente única.

Com a clonagem, o edifício natural é arruinado. Neste caso, existe, com efeito, apenas um «pai». E a «progenitura» de uma mulher que se clonasse a si mesma seria a sua própria gémea. O autor indigna-se: seria um terrível incesto que assim se cometeria deliberadamente, mesmo que se produzisse sem coito. Além disso, todas as outras relações entre os seres humanos seriam afectadas pela maior das confusões. O que passariam a significar as palavras pai, avô, tia, primo e irmã? Que espécie de identidade social poderia ter alguém necessariamente privado do lado materno ou paterno?

E não se objecte que, na nossa sociedade, os divórcios, os segundos casamentos, as adopções e os filhos bastardos... arruinaram este belo edifício! Porque mesmo que deploremos esta situação pelas crianças, não temos o forte sentimento de repulsa que sentimos imediatamente

---

([16]) Fukuyama, no seu livro, diz que se compararmos as duas grandes «distopias» do século XX – *1984* (1949) de George Orwell, e *The Brave New World* (1932) –, é a segunda que melhor parece ter antecipado o que se apresentou – e que constitui ainda o nosso futuro.

face à clonagem. O sentimento de uma transgressão sem igual, pela qual se arruinaria o núcleo mais íntimo da nossa humanidade, aquilo que nos é mais caro no nosso ser (humano).

Em que se baseia este sentimento? Como explicar esta convicção? A resposta de Kass resume-se a uma palavra retumbante: o mistério. Não ficaríamos apenas desorientados, aterrorizados pela confusão das relações de parentesco, mas desumanizados pela perda da sabedoria (*wisdom*) inspirada pelo mistério segundo o qual a natureza ligou o prazer do sexo, o desejo de se unir a outra pessoa, a comunhão no abraço, o desejo de ter filhos, muito profundo mesmo quando não exprimido, no próprio interior da actividade pela qual participamos na cadeia da existência humana e contribuímos para a renovação das possibilidades do homem.

A clonagem radicalizaria uma separação mortífera para a humanidade entre sexo, amor e intimidade. Esta técnica iria concluir um movimento já iniciado que tem o objectivo de entregar a procriação entre dois seres ao poder de um terceiro – médico ou cientista.

Ao colega, que lhe objecta que, em definitivo, para o bem-estar da criança que vai nascer só interessam os sentimentos dos pais que o acolherão – quer seja concebido por adopção, fecundação *in vitro* ou por clonagem –, Kass replica que o que se deve preservar a todo o custo é «o mistério da sexualidade», o mesmo que nos permite considerar os filhos mais como uma dádiva (*a gift*) que devemos acarinhar do que um resultado da nossa manipulação. Com a industrialização previsível da procriação, seria definitivamente perdido o poder de elevação espiritual da sexualidade («*the soul-elevating power of sexuality*»), quando esta se exerce pelas vias «naturais» no casamento no seio de um casal estável de duas pessoas de sexos diferentes.

Em 1997, os eminentes investigadores e universitários membros da *International Academy of Humanism*, entre os quais se encontravam os biólogos Francis Crick, James Watson e Maurice Wilkins, ao lado de grandes nomes das humanidades como *Sir* Isaiah Berlin, Willard Van Orman Quine e Kurt Vonnegut, publicaram uma declaração de apoio à investigação sobre a clonagem nos mamíferos superiores e no homem. Eis o que escreveram: «Quais são as questões morais levantadas pela clonagem? Algumas religiões de audiência mundial ensinam que os seres humanos são fundamentalmente diferentes dos outros mamíferos... Consideram a natureza humana única e sagrada e erguem-se contra os progressos científicos que ameaçam alterar essa natureza. Mas, tanto quanto a ciência o pode afirmar, parece que as faculdades humanas possuem apenas, em relação aos outros animais superiores, diferenças de nível, e não de natureza. O rico repertório da humanidade em pensamentos, sentimentos, aspirações, esperanças, parece provir de processos electroquímicos do cérebro, e não de uma alma imaterial que funciona de tal forma que não pode ser descoberta por nenhum instrumento. Concepções da natureza humana enraizadas no estado tribal da humanidade não deveriam constituir o nosso primeiro critério para tomar decisões morais a respeito da clonagem. Os potenciais benefícios da clonagem podem ser de tal forma imensos que seria uma tragédia se antigos preconceitos teológicos conduzissem a uma rejeição completa desta técnica» ([17]).

Deixemos de lado a religião, responde Kass. Não podemos aceitar que esses «bioprofetas» neguem assim toda a distinção entre os animais e nós, que nos consideramos «seres livres, pensantes e responsáveis, dignos de respeito por sermos os únicos animais com espírito, coração e aspirações que visam muito mais além do que a simples vida e a perpetuação dos nossos genes. A concepção deles mina as crenças que sustentam os nossos costumes, práticas e instituições – sem excluir a própria ciência».

O debate que opõe os materialistas-reducionistas aos espiritualistas que os acusam de cientismo reacende-se imediatamente, nos termos clássicos em que se apresenta desde há quase dois séculos. Mas a controvérsia sobre a clonagem revela aquilo que está em jogo na invocação da natureza humana e, portanto, no anúncio da era pós-humana da história humana. Com efeito, trata-se de «crenças», «costumes» e «instituições». A referência à chamada natureza humana visa um fundamento que, em definitivo, vem sustentar essas crenças, costumes e

---

([17]) «Declaration in defense of cloning and the integrity of scientific research», *Free Inquiry magazine*, vol. 17, nº 3, Julho de 1997.

instituições. Mas esse fundamento não é um conceito abstracto: corresponde à naturalização de um certo modo de filiação que distribui os lugares entre os seres humanos na sociedade de geração em geração. Esta referência tem influência sobre os indivíduos enquanto pessoas que adquirem identidade no sistema normativo ao qual as instituições os convidam a sujeitar-se. Léon R. Kass mostra muito bem que esta influência se efectua principalmente pela atribuição de uma naturalidade ao laço do acto sexual e do amor no quadro de uma família declarada sagrada no mesmo momento em que sofre uma crise muito grave.

O que quase nunca se encara é o facto de se poder beneficiar dessas técnicas para colocar o sexo no verdadeiro lugar que lhe devia pertencer no ser humano. Fonte de prazeres admiravelmente diversos para conveniência de todos ([18]), por que razão se considera então que o sexo encerra o segredo do ser – ou seja, do devir – de cada um de nós? Também não se prevê beneficiar dessas técnicas para redefinir e revitalizar a instituição da família na base de outra prática da individuação e de outra concepção da existência dos sexos e das gerações. Seria então certamente possível – se não for demasiado tarde – corrigir os estragos da «libertação sexual» tal como foi praticada pela geração pós-68; em vez de considerarmos a ética como uma doutrina, porém improvável, vejamo-la antes como um campo de explorações!

Imaginemos, para entrever um princípio de solução, que desaparece o embrutecimento das séries televisivas e a debilidade falsamente audaciosa dos debates que se alimentam, não de sexo (de desejos e prazeres), mas da ideia de que a mecânica sexual pode constituir – «bem gerida» por qualquer «psicólogo» – o móbil essencial de uma vida realizada, de preferência no seio de uma estrutura de casal. Imaginemos, portanto, seres humanos que, em vez de exacerbarem entre si uma esgotante rivalidade mimética, deixam de desconfiar sistematicamente uns dos outros, abandonam a prática quotidiana da violência preventiva e da vingança punitiva, estendem mutuamente a mão sem ser para atacar e se esforçam por encontrar as condições e

---

([18]) A. Prochiantz, *Les anatomies de la pensée*, Paris, Odile Jacob, 1997; M. David-Ménard, *Tout le plaisir est pour moi*, Paris, Hachette, 2000.

os meios de conservar relações de amizade e de amor. Será que a humanidade não ganharia com isso?

*

Na sua época, Denis Diderot já havia aberto o caminho ([19]), muito para lá da filosofia política clássica. Como filósofo «biovisionário», o autor dos *Éléments de physiologie* ([20]) meditou profundamente sobre as lições a retirar das novas ciências da vida quanto à natureza do indivíduo e à realidade das relações sociais.

Vai buscar à célebre Escola de Montpellier, cuja figura de proa é o médico bearnês Théophile de Bordeu, uma concepção holista da vida, em franca oposição ao iatromecanismo (Hermann Boerhaave) e ao materialismo mecanicista (Julien Offroy de La Mettrie). O pensamento de Diderot – embora o seu vocabulário seja geralmente caracterizado pelo mecanicismo da sua época – nada tem que ver com a filosofia do homem-máquina. Representa uma reacção contra esta concepção a que chamaríamos «reducionista» do ser humano. Da sua filosofia, pode dizer-se que se trata de um monismo vitalista reforçado por um cepticismo declarado.

Nas suas últimas obras, Diderot critica, ao mesmo tempo, qualquer redução dos aspectos morais do comportamento humano às características biológicas que o ser humano partilha com os animais. Pensa o estatuto epistemológico dos «valores» através de modelos que vai buscar à estética, e é assim que introduz as noções de gosto, génio e criatividade no âmbito de uma discussão sobre os limites da razão abstracta.

Por outras palavras, a filosofia de Diderot não deve ser confundida com a de La Mettrie, tal como não deve ser relacionada com as fontes clássicas que normalmente se lhe atribui (o empirismo de Locke e o

---

([19]) Y. Belaval, *Études sur Diderot*, Paris, PUF, 2003.

([20]) Publicado só em 1875 (edição Assézat), o livro foi provavelmente redigido num período de quinze anos, entre 1769 e 1784. Facto que, por si só, bastaria para demonstrar a importância desta obra na produção científica de Diderot.

mecanicismo cartesiano). Deve dar-se uma atenção muito particular às suas fontes médicas e biológicas ([21]).

As obras *Lettre sur les aveugles* (1749) e *Pensées sur l'interprétation de la nature* (1753) demonstram a sua originalidade. Segundo Diderot, longe de proceder de forma analítica, a ciência avança descobrindo analogias entre fenómenos, submetendo as suas analogias à prova da experiência para averiguar se são – ou não – enganosas e tentando, metodicamente, atribuir-lhes limites e opor-lhes excepções. Nos *Pensées*, particularmente, coloca o acento na faculdade de imaginação necessária para encontrar analogias e semelhanças entre fenómenos aparentemente distintos.

Do mesmo modo, a *Lettre sur les sourds et muets*, assim como os *Éléments de physiologie*, rejeitam a existência de sensações simples – ao contrário do que está escrito no artigo «Sensations» da *Encyclopédie*. Se não há *sensações simples*, também não há *ideias simples*. Os pensamentos só se tornam «simples» por abstracção, por simplificação. E a sua simplicidade só é natural em aparência: é o resultado de uma abstracção que se transformou num hábito do qual já não temos consciência.

A leitura dos *Pensées sur l'interprétation de la nature* bastaria para confirmar esta dupla rejeição do racionalismo de tipo cartesiano e do empirismo de tipo lockiano. Nesta obra, Diderot enfatiza o carácter criativo da descoberta de analogias e similaridades entre fenómenos. Menciona, por exemplo, que seria possível que a elasticidade, o magnetismo, a gravidade e a electricidade constituíssem, na realidade, diferentes facetas de um único fenómeno. São conjecturas que têm um carácter «extravagante», reconhece o filósofo; mas, segundo ele, a extravagância é moeda corrente nas obras científicas fecundas. Diderot não hesita em falar da «falta de razão» que se revela necessária para se fazer descobertas nas ciências experimentais.

Em *Le Rêve*, Diderot apresenta uma concepção não mecanicista do organismo segundo a qual a *unidade* deste seria mais do que a

---

([21]) Ver sobre este ponto Timo Kaitaro, *Diderot's Holism* (1995), Francoforte / Meno, Peter Lang, 1997.

unidade funcional de uma máquina. Diderot distingue o contacto entre duas moléculas (continuidade) do contacto de duas massas de matéria inerte (contiguidade) e orienta-se para uma concepção da emergência da consciência a partir desta unidade do organismo. «O animal é uno, e é talvez esta unidade que constitui a alma, o si, a consciência com o auxílio da memória.» Em seguida, tenta enraizar a unidade da consciência na unidade biológica do ser vivo. Esta unidade surge baseada num equilíbrio cuja precariedade pode ser facilmente observada nos estados patológicos. A célebre metáfora que apresenta o espírito como um enxame de abelhas mostra que, se há apenas uma consciência, existe no animal uma multiplicidade de vontades – tendo cada órgão a sua própria vontade. Duas forças opostas surgem assim no homem: a unidade da consciência – assegurada pelo cérebro, centro e origem de todas as fibras sensíveis – e as forças de dispersão dos diversos apetites. Os casos patológicos surgem se o centro for despótico ou se, pelo contrário, a periferia for mais forte e provocar a anarquia. Centro demasiado forte: poetas, artistas, fanáticos e loucos. Centro demasiado fraco: brutos ferozes. E se todo o sistema tiver falta de energia: fracos de espírito. Bom equilíbrio: pensadores sensatos, filósofos e cientistas.

Voltemos, pela última vez, aos *Éléments de physiologie*. A sua doutrina baseia-se numa análise da matéria que Diderot levou a cabo e desenvolveu durante três anos no laboratório do químico francês Guillaume-François Rouelle. Através desta análise, a matéria surge dotada eventualmente de sensibilidade e vida. Segue-se imediatamente a unidade dos reinos – neste ponto, Diderot junta-se a Leibniz. Mas, em *Le Rêve*, modifica a sua concepção da continuidade. Já não procura estabelecer a transição entre os minerais e os reinos vitais. Renuncia a afirmá-lo. Não *sonha*. São *elementos* ([22]). O que lhe interessa aqui é estabelecer uma definição da vida e, para isso, analisar a transição entre os vegetais e os animais. Embora os seus exemplos sejam maus, teve a ideia, original na sua época, de caracterizar os reinos com o auxílio da química. Vida e sensibilidade estão ligadas, e esta última

---

[22] Ver Yvon Belaval, *Études sur Diderot*, já citado.

qualidade deve existir até na própria matéria, uma vez que ela não se explica pela justaposição de uma alma a cada organismo vivo.

Nesta base, Diderot afasta os dois sistemas rivais: o iatromecanismo (Boerhaave) e a quimiatria (de Paracelso e Jean-Baptiste Van Helmont), que explica os fenómenos vitais por meio de diversas fermentações bastante misteriosas. Para Diderot, o corpo humano não é nem «uma máquina de tipo hidráulico» nem um alambique. Os fenómenos vitais pertencem a uma ordem particular e obedecem a leis próprias. Mas, vitalista, Diderot rejeita também o animismo de Georg Ernst Stahl. «O corpo produziria tudo o que produz sem alma; isso não é muito difícil de demonstrar. Mais difícil de explicar é a suposta acção de uma alma.» Defende com os meios disponíveis (com Théophile de Bordeu) um determinismo próprio aos fenómenos da vida, um «vitalismo» sem força vital [23]. Diderot não procura a especificidade da vida na estrutura do organismo considerado de forma estática, mas na *formação* desta estrutura, que se auto-organiza.

Mas talvez seja o esboço da sua psicologia que hoje merece mais particular atenção. Na concepção que propõe do ser vivo em geral e do homem em particular, não existe uma distinção entre o espírito e o corpo. Além disso, a psicologia figura nos *Éléments de physiologie*.

Nesta obra, podemos ler: «A característica do homem está no seu cérebro e não na sua organização externa. O intermédio entre o homem e os outros animais é o macaco...»; e, mais à frente, a rejeição argumentada da existência de uma alma imaterial: «Todos os pensamentos nascem uns dos outros; isto parece-me evidente. As opiniões intelectuais também estão encadeadas...» E ainda: «Não existe nada de livre nas operações intelectuais...»

A terceira parte, intitulada «fenómenos do cérebro», ilustra esta tese [24]. Nesta parte, Diderot vai buscar muitos elementos ao *Essai analytique sur les facultés de l'âme* (1760) de Charles Bonnet, mas

---

[23] R. Rey, *Naissance et développement du vitalisme en France*, Paris I, tese de doutoramento, 1987.

[24] Capítulo II: «Entendimento»; Capítulo III: «Memória»; Capítulo IV: «Imaginação»; Capítulo V: «Sono»; Capítulo VII: «Paixões»; Capítulo VIII: «Órgãos»; Capítulo IX: «Doenças».

«corrige-o» desembaraçando-o do espiritualismo. Abre assim caminho a um original pensamento moral, a um conjunto de teses sobre os valores e as normas, que não estão nada em desacordo com o seu «determinismo» geral, como erradamente se lhe criticou. Com efeito, recusa de novo todo o reducionismo: tal como os fenómenos biológicos não podem ser explicados simplesmente por causas físico-químicas, os fenómenos morais não se podem explicar por causas biológicas.

Os fenómenos morais têm, portanto, as suas próprias leis. Isto é o essencial. E são essas leis que Diderot procura estabelecer. Muito logicamente, recusa imputá-las a uma natureza humana abstracta comum a todos os homens ([25]). Qualquer valor surge suportado por uma norma, que se liga a uma relação entre seres humanos que define *papéis* que são *afectivamente* assumidos por indivíduos formados nos limites impostos pelos seus temperamentos fisiologicamente determinados. Ao contrário dos seus contemporâneos, Diderot não define a «natureza humana» como um «grau zero» de sociedade. Para ele, não existe natureza propriamente humana fora de relações que estruturam afectivamente os indivíduos no seu jogo social. A natureza humana não é natural.

Com toda a coerência, na *Réfutation* ao materialista Claude Adrien Helvétius, mostra que as motivações da acção humana não são redutíveis ao jogo de prazeres e dores que um tal ser pode sentir, mesmo que esses prazeres e dores pareçam fundados em necessidades fisiológicas. Será que para o homem, pergunta ele, haverá um simples prazer físico de possuir uma bela mulher? E uma simples dor física de a perder? E a fome! Não haverá uma enorme diferença entre a fome do animal e a deste ser que sabe que pode morrer de fome e que pode representar esta morte pela imaginação?

Sabemos que, desde *La Religieuse* (1760), Diderot rejeita a ética monástica. Apesar do seu apreço pela obra de Séneca, não aceita as raízes estóicas desta moral, porque o recolhimento do sábio não leva em conta o facto de os homens não serem apenas depositários da sua própria felicidade, mas também da felicidade dos que a eles se encontram ligados por laços de sangue, amizade ou fraternidade. A sua

---

([25]) Ver sobre este ponto a sua muito esclarecedora *Réfutation d'Helvétius*.

máxima será: «cumprir bem o seu papel». Este poderia ser o pior dos conformismos («bom pai, bom irmão, bom marido...»), se Diderot não afirmasse também que é necessário saber redefinir os papéis quando as modalidades da existência ameaçam hipotecar a felicidade dos que a eles se submetem.

É aqui que ganham sentido as numerosas considerações de Diderot sobre o génio – tema romântico por excelência. Essas considerações fazem a ligação entre a sua epistemologia, a estética, a moral e a política. Seria útil reler o seu famoso *Discours sur la poésie dramatique*. A lição desta obra consiste no seguinte: por vezes, é necessário saber «esquecer as regras» para mudar o jogo. Diderot escreve: «A imaginação, esta é a qualidade sem a qual não se é nem poeta, nem filósofo, nem homem de espírito, nem um ser racional.» No *Essai sur les règnes de Claude et de Néron*, a sua última obra publicada em vida, em 1782, Diderot compara os motivos da acção vindos da opinião dos outros com os motivos que se fundam na auto-estima, e cita Séneca de forma positiva: «A verdadeira grandeza não consistirá em fazer o bem, mesmo expondo-se à ignomínia?»

Os melhores historiadores mostraram que, pela elaboração que dá do vitalismo dos seus mestres de Montpellier com base no seu antimecanicismo, Diderot abre caminho àquilo que será a «biologia». Grande criador de neologismos, ele próprio poderia – parece-me – ter inventado este termo.

Graças a esta mesma elaboração, abre caminho à *Naturphilosophie* no próprio coração do século XVIII racionalista e, portanto, na era do romantismo. O seu monismo vitalista permanece, porém, materialista, enquanto a *Naturphilosophie* se deixa arrastar para uma versão espiritualista desse monismo em que a materialidade da vida cede a preeminência à ficção de uma alma universal.

Por causa desta posição – e pelo seu tipo de escrita –, Diderot, que no seu tempo era conhecido por «o Filósofo», deixou de ser lido como tal no pós-romantismo. Foi catalogado entre «os materialistas franceses do século XVIII» e considerado, antes de mais, como «escritor». Mas, hoje, a sua filosofia surge muito mais fecunda: contra o materialismo mecanicista, contra as teorias do conhecimento como teorias do fundamento da verdade das ciências, contra o neo-romantismo vitalista, contra o neo-kantismo moral, por uma filosofia que procura no movimento dos conhecimentos razões de emancipação para os seres humanos na sua busca de felicidade; por aquilo a que chamei, há mais de vinte anos, parodiando Gaston Bachelard, um «sobre-materialismo» ([26]).

Diderot não teria deixado de retirar todas as lições nesta perspectiva da revolução das neurociências a que assistimos. A revolução que se iniciou durante os anos 60 e que, com o nascimento da biologia molecular, representa, pelas suas consequências, a segunda grande revolução da biologia do século XX. Por pouco que lhe prestemos atenção, ela dá-nos, não certamente respostas às questões éticas levantadas pelo desenvolvimento das biotecnologias, mas argumentos a favor de uma posição intelectual dinâmica e de abertura afectiva. De qualquer modo, implica a exigência de se rever completamente a concepção do indivíduo humano com que muitos dos nossos amedrontados contemporâneos pensam ainda poder contar. Ela acaba de mostrar que esta última concepção não é, de facto, um dado da ciência, mas uma noção filosófica cujo conteúdo e estatuto se revelam eminentemente corrigíveis.

Esta revolução implicou, como seu primeiro gesto, a rejeição daquilo a que se chama «dualismo cartesiano». Alguns cientistas e filósofos convenceram-se de que essa derrota do dualismo implicava a vitória do «materialismo». Mas percebem este termo terrivelmente equívoco – com uma pesada história heróica, polémica e, depois, trágica – como equivalente ao termo «reducionismo».

Ora, existem hoje duas versões dominantes do reducionismo. A primeira é constituída pelo determinismo genético, que considera que todos os nossos pensamentos e comportamentos podem ser explicados, em última instância, pelo menos de direito se não já de facto, por um determinismo genético. A segunda versão do reducionismo é representada pela interpretação computacional do pensamento (cujos benefícios são acolhidos pelos tecno-profetas). De acordo com os adeptos desta versão, seria possível explicar, com todo o rigor científico exigido, a totalidade das funções cerebrais graças aos modelos matemáticos

---

([26]) D. Lecourt, *L'ordre et les jeux*, já citado.

elaborados pelos especialistas da inteligência artificial. Afirmam que as «redes neuronais» podem ser consideradas como equivalentes ao «hardware» e o pensamento ao «software».

Entre outros, o neurobiólogo francês Alain Prochiantz denunciou em numerosos livros a concepção geral da vida implicada nestas duas versões do reducionismo ([27]). Se a formação do cérebro humano (do sistema nervoso central) é, com efeito, geneticamente programada, é claro que esse determinismo científico nada tem de rígido. O papel desempenhado pela epigénese tem assim uma importância fundamental. A estrutura do cérebro de qualquer ser humano é profundamente modelada pela sua história pessoal – ou seja, pelos acontecimentos imprevisíveis que necessariamente lhe ocorrem durante a vida e que têm profundas consequências afectivas (lutos, nascimentos, amizades, amores, rupturas, desilusões, alegrias, êxitos e fracassos).

Por outras palavras, o que separa a «natureza» dos indivíduos humanos dos outros animais não está de modo algum inscrito na parte inata das suas capacidades. Digamos antes que esta parte inata – cuja programação genética não é negada – permite-lhe adquirir capacidades que se revelam tão potentes que pesam sobre a execução do próprio programa, por selecção e estabilização de redes neuronais. E foi assim que o homem conseguiu libertar-se – mais do que os outros animais sobre os quais ganhou vantagem – dos constrangimentos da natureza.

Quanto à segunda versão do reducionismo, o neurobiólogo António R. Damásio, no seu famoso livro sobre *O Erro de Descartes* ([28]) (1994), concorda com Prochiantz no sentido de a rejeitar, por implicar uma concepção da vida que ele considera formal, «fisicista» e estática. Esta concepção, segundo Damásio, tem o grande erro de ignorar o aspecto evolutivo e desenvolvimental de todas as realidades vivas. O reducionismo, em geral, é para ele um erro tão grave quanto o dualismo.

Mas Damásio acrescenta um importante argumento a favor de uma redefinição das relações entre o cérebro, o corpo e a mente (*brain,*

([27]) Ver em particular A. Prochiantz, *La construction du cerveau* (1988), Paris, Hachette, 1993.

([28]) A. R. Damásio, *Descartes' Error: Emotion, Reason and the Human Brain*, Nova Iorque, Grosset/Putnam, 1994.

body and mind) no âmbito de uma concepção evolucionista. Segundo ele, o grande erro filosófico do passado terá sido a concepção do corpo e do cérebro como «entidades separadas». Revela-se agora necessário admitir que todo o corpo, incluindo o cérebro, participa na interacção do ser humano com o seu ambiente. Damásio segue na esteira do prémio Nobel Gerard M. Edelman ([29]) e não se limita a sugerir a evidência, um pouco trivial, segundo a qual o cérebro está situado no corpo. Afirma que o corpo fornece ao cérebro um conteúdo de pensamento que faz parte integrante do seu normal funcionamento. Como a actividade neuronal está ligada ao estado fisiológico do corpo e «traduz» – de forma mais ou menos precisa – todas as suas sensações e sentimentos, não é possível isolar a razão da emoção (ou da paixão) como se fazia no pensamento clássico.

Esta posição implica imediatas consequências teóricas e práticas para os psicólogos. Por exemplo, Olivier Houdé e Bernard Mazoyer ([30]), utilizando a imagem funcional, demonstraram recentemente que há laços estreitos entre emoção, inibição e inteligência. Deste modo, elaboraram uma refutação muito hábil da concepção linear do desenvolvimento que prevalecia na psicologia cognitiva desde os grandes estudos de Jean Piaget no século passado, e retiram consequências práticas para a pedagogia. Embora não o mencionem, estes reconhecidos especialistas da psicologia cognitiva estão, em contrapartida, de perfeito acordo com as bases psicológicas da epistemologia de Gaston Bachelard. A irredutível relação entre emoção e razão e, acima de tudo, o papel da inibição na correcção dos erros, sobre a qual fornecem os resultados de experiências subtis, parecem muito próximos do tema principal de *La philosophie du non* (1940) ([31]).

Mas a tese de Damásio tem igualmente grande alcance filosófico e vem reforçar as posições que aqui esboçámos acerca de Diderot. O enigma com que se defronta pode, com efeito, ser assim enunciado: se o cérebro é constituído, como parece, por inúmeros sistemas em

---

([29]) G. M. Edelman, *Bright Air, Brilliant Fire: On the Matter of Mind* (1992).

([30]) O. Houdé, B. Mazoyer, N. Tzourio-Mazoyer, *Cerveau et psychologie*, Paris, PUF, 2002.

([31]) G. Bachelard, *La philosophie du non*, Paris, PUF, 1940.

interacção, observáveis nos ecrãs dos neuroradiologistas, que interagem com muitos outros sistemas de maneira muito complexa, é evidentemente *impossível considerar a estrutura do cérebro como a garantia da existência e da unidade do «si»*.

O que quero dizer quando falo do meu «eu»? Será uma expressão da minha individualidade? Mas – e aqui estamos de novo – o que é exactamente a «minha individualidade»?

Já não é os *Éléments de physiologie* que devemos reler para formular bem esta questão, mas o *Neveu de Rameau* (1762) e *Le Rêve de d'Alembert* (1769)!

Os pensamentos que constantemente colocam os nossos cérebros em funcionamento não são produto de um suposto espírito individual isolado que contempla o mundo como um espectador. Não existe algo como um «sujeito» que poderia ser considerado o «centro», o «autor» ou o «senhor» dos seus próprios pensamentos, que constitui a essência do ser humano.

Aquilo a que chamamos nossa «individualidade» – desde que Diderot criou esta palavra –, o nosso «si», o nosso «ego»... mais não é do que uma construção singular e sempre precária. Um ser humano – enquanto humano – pode «quebrar-se». E todos conhecemos «mortos-vivos» que não são mais do que fantasmas de si mesmos.

Porque, de facto, o ser humano, vivente individuado que se torna sujeito de direito a título de pessoa e sujeito de um complexo de normas que os engloba a título de «pessoa humana», é sempre apenas fruto de uma combinação de emoções e ideias acompanhadas de prazer e dor.

Não consistirá a nossa tarefa ética, tanto hoje como ontem, em organizar essas emoções e ideias de tal maneira que as nossas capacidades de pensar e agir, de sentir e de nos emocionarmos também, aumentem tanto para nós mesmos como para os outros? Se, pelo menos, nos lembrarmos sempre de que neste jogo, muito sério mas também muito entusiasmante, uma parte de «nós mesmos» pertence aos outros, isso pode constituir uma promessa de uma maior liberdade para todos.

APÊNDICE

UNABOMBER

Quem é que se lembra do *Unabomber*? De 1978 a 1995, nos Estados Unidos, um misterioso desconhecido assim designado pelo FBI ([1]) semeou o terror e a morte entre os cientistas e os engenheiros informáticos, com encomendas armadilhadas e bombas artesanais. Durante este período de tempo, provocou a morte de três dos seus destinatários e feriu vinte e três. Em 1996, Theodore Kaczynski foi finalmente identificado e detido pelos agentes federais após uma batida incansável e de tal forma mediatizada que a revista *People* o classificou então entre «os vinte e cinco homens mais fascinantes do ano». Escapando à pena capital, foi condenado, em 15 de Maio de 1998, a passar o resto dos seus dias na prisão do condado de Sacramento. Durante o processo, os peritos psiquiatras descreveram-no como um «doente que sofria de esquizofrenia paranóide», os advogados denunciaram-no como um «louco furioso» e a imprensa chamava-lhe «génio do mal»!

O caso era realmente embaraçante. Kaczynski, com efeito, não parecia de modo algum um «louco» vulgar. Além disso, opusera-se a que os seus advogados invocassem demência e irresponsabilidade. Antigo aluno de Harvard – onde havia sido admitido com dezasseis anos! –, matemático brilhante, tinha sido recrutado como assistente

---

([1]) O prefixo «una» significava, por contracção, «University and Airlines»», que designa os alvos preferidos do terrorista.

em 1968 pela prestigiada Universidade de Berkeley e publicara artigos notáveis nas melhores revistas da profissão. Menos de dois anos mais tarde, demitiu-se brutalmente do cargo de professor sem qualquer explicação. Abandonou a matemática e refugiou-se, sozinho, no fundo de uma floresta do Montana, numa cabana que ele próprio construiu, onde não dispunha de água corrente nem de electricidade. Neste retiro, viveu durante dezassete anos quase sem recursos, cultivando a terra, caçando e cortando madeira. Este eremita – apreciado, como parece, pela sua calma e timidez, pelos habitantes da povoação vizinha – sabia o que queria. Pôs-se rapidamente a redigir e a divulgar grande número de panfletos para denunciar os desenvolvimentos da tecnologia moderna «desastrosos para o género humano». Em seguida, começou a construir e a aperfeiçoar os seus engenhos mortíferos com uma precisão meticulosa; uma paixão de infância, segundo testemunhas. Era em nome da vida, contra a técnica, que ele agora semeava a morte.

Este era ainda o tema principal que desenvolveu longamente nos duzentos e trinta e dois parágrafos do volumoso *Manifesto Contra a Sociedade Industrial*, que conseguiu publicar, por meio de chantagem, em várias edições do *New York Times* e do *Washington Post* a partir de Setembro de 1995. Esta publicação, aceite em troca do compromisso de parar com os actos terroristas, deveria ser o seu triunfo; mas provocou a sua perdição ([2]).

Kaczynski sabia o que era um manifesto. No próprio texto explicava os motivos da sua publicação e anunciava os efeitos que dela esperava. «Ter impacto sobre a sociedade por meio de palavras tornou-se quase impossível para a maior parte dos indivíduos e dos pequenos grupos. Considerem o nosso caso, por exemplo. Se nunca tivéssemos cometido qualquer acto violento e se tivéssemos submetido os nossos escritos a um editor, ele provavelmente nunca os teria aceite. E se os tivesse aceite e publicado, esses escritos provavelmente só teriam chamado a atenção de um pequeno número de leitores, porque as pessoas preferem distrair-se a ver televisão em vez de ler um ensaio sem concessões... Para transmitir a nossa mensagem ao público com alguma hipótese de

---

([2]) O texto do *Manifesto* está acessível na Internet: www.unabombertrial.com.

lhe provocar uma impressão duradoura, foi portanto necessário matar pessoas.»

Na verdade, o que se passou foi muito diferente do que ele esperava desta inquietante estratégia. Os leitores dos dois grandes quotidianos apenas tinham em mente as bombas de Kaczynski que, durante anos, lhes serviram de entretenimento. A maioria deles nem se deu ao trabalho de ler um texto que lhes era logo apresentado como delírio de um louco perigoso.

Para grande infelicidade de Kaczynski, o *Manifesto* teve, pelo menos, um leitor atento: o seu irmão mais novo, David, com quem tinha sido criado e mantivera contacto durante anos até 1990, altura em que, invejoso do seu casamento, rompeu com ele. Horrorizado, David reconheceu imediatamente os temas favoritos de Theodore, o seu estilo rígido e as suas próprias palavras. Resolveu denunciá-lo às autoridades, não sem mostrar depois alguns remorsos. A verdade é que as esperanças que o FBI depositara nesta publicação forçada se concretizaram.

Durante o processo, a atenção concentrou-se, como se esperava, na personagem de *Unabomber*. Investigou-se a sua infância em Evergreen Park, um bairro suburbano de Chicago onde tinha nascido em 1942, e a sua adolescência de rapaz dotado, mas circunspecto e pouco social; decifrou-se o seu diário íntimo escrito em espanhol e em linguagem codificada; descobriu-se que tinha consultado um médico para fazer uma mudança de sexo a que renunciou bruscamente; acreditou-se poder estabelecer que as raras relações que terá tido com mulheres nunca deverão ter sido satisfatórias... Aquilo que Kaczynski receava e denunciava no seu texto acabou por se produzir: fez-se dele não um pensador e activista político, mas um caso psiquiátrico.

Acerca do conteúdo do próprio *Manifesto*, nada se falou. No entanto, este texto merece alguma atenção, porque, para além da justificação da sua estratégia de terror, encontramos aí argumentos contra a tecnologia que eram – e ainda o são – em grande parte partilhados por muitos pensadores, ideólogos e militantes que, desde o final dos anos 60, concordavam em imputar os males das nossas sociedades aos progressos da tecnociência.

A tese central de Kaczynski resume-se em poucas palavras: há uma incompatibilidade radical entre tecnologia e liberdade. Seria uma ilusão enganadora pretender controlar, enquadrar, humanizar os desenvolvimentos tecnológicos. Os graves danos já sofridos pela humanidade e pela natureza por causa da revolução industrial e das suas consequências estão em vias de se agravar fatalmente. É preciso salvar a humanidade antes que seja demasiado tarde.

A sua argumentação visa mostrar que o indivíduo está hoje arrolado ao serviço de um sistema implacável, uma vez que a tecnologia moderna não pode desenvolver-se sem o controlo e a regulação da vida de todos. O que implica uma manipulação e uma coerção insidiosas do comportamento de cada um de nós.

Kaczynski não dirige os seus sarcasmos contra os espíritos dóceis que se comprazem nesta servidão, que a consentem ou a mantêm. Num estilo áspero, ataca particularmente os esquerdistas (*leftists*) cuja oposição ao sistema lhe parece integrada no próprio sistema, pois eles não se interessam pelo essencial. «Os socialistas, os colectivistas, os representantes do *politically correct*, as feministas, os activistas *gays*, os membros das associações de deficientes, os defensores dos animais, etc.» representam o tipo psicológico fustigado por Kaczynski. Movidas por um profundo sentimento de inferioridade, essas pessoas cultivam a culpabilidade, o ódio de si mesmo, o derrotismo... Por eles próprios serem fracos, identificam-se com as causas dos que eles julgam ser os mais fracos. Têm horror à competição. A força provoca-lhes medo. Cultivam o gosto pelas organizações de massa que reproduzem, precisamente, o desejo de servidão que alimenta o sistema dominante. Não atacam a sociedade actual nos seus princípios, mas querem que ela se conforme de modo mais estrito às pretensões morais que promove. Porque são incuráveis moralistas, verdadeiros integristas que reivindicam não o fim da regulação social, mas o seu reforço. Tiranizam a linguagem expurgando-a de algumas palavras (negros, maricas...) por não quererem transformar a realidade. São particularmente perigosos, porque justificam a sua pretensa rebeldia nos mesmos termos dos valores dominantes.

O coração do sistema a abater é constituído pela tecnologia moderna, explica Kaczynski. E os factos que invoca para a denunciar são os mesmos que alimentam o discurso tecnofóbico vulgar ([3]): acidentes nucleares, substâncias cancerígenas nos alimentos, poluição, guerras, manipulações genéticas, etc. Mas este factos inscrevem-se numa visão geral – um verdadeiro pequeno sistema filosófico – que lhe confere uma coerência singular. Para ele, a expansão das sociedades tecnológicas está, com efeito, enraizada numa perversão da natureza humana, que, por isso, já não se desenvolve normalmente. Esta natureza exige que cada ser humano tenha para si uma necessidade vital («provavelmente enraizada na biologia») de se empenhar numa busca de poder («*a power process*»). Mas este poder, em si mesmo, nunca poderá satisfazê-lo; o que interessa são os *objectivos* que permite alcançar. Ora, existem dois tipos de objectivos: os objectivos naturais e os artificiais. Toda a busca de poder que visa um objectivo natural (comer, beber, dormir, gozar) será plenamente satisfatória na medida em que permitirá a cada um afirmar a sua autonomia, mesmo que tenha de se associar a outros para o conseguir, mesmo que o esforço tenha de ser permanente e que o objectivo nunca seja definitivamente alcançado. É o que vemos, afirma ele, nas sociedades primitivas em que, apesar da rudeza da vida, os homens enfrentam as provas sozinhos ou acompanhados e não sofrem o *stress* e a frustração dos nossos contemporâneos.

Ora, o poder que adquirimos sobre a natureza é tal que, nas sociedades industriais, cada um de nós consagra apenas um esforço mínimo para a satisfação das suas necessidades físicas. Mais grave ainda: esta própria satisfação surge associada a uma «imensa máquina» social em que ninguém encontra satisfação para a sua necessidade de autonomia. Por conseguinte, todos se viram para «actividades de substituição» (*surrogate activities*) para, pelo menos, terem a ilusão de alcançar essa autonomia.

O facto de se tratar de uma ilusão é comprovado pelo estado de desolação que afecta os nossos contemporâneos. O autor descreve-o com um estilo mordaz: depressão, ódio de si, tédio, inveja, insatisfação

---

([3]) D. Lecourt, *Contre la peur. De la science à l'éthique une aventure infinie*, já citado, e *L'avenir du progrès*, Paris, Éditions Textuel, 1997.

permanente... Os objectivos da «busca de poder» deixaram de ser objectivos naturais: são agora objectivos artificiais fixados pelos seres humanos. E, ao serviço desses objectivos, desenvolveu-se uma multidão de actividades de substituição que já não visam responder a necessidades físicas, mas fornecer por si mesmas, aos que a elas se entregam, um sentimento de preenchimento (*fulfilment*) sempre precário.

Theodore Kaczynski dá-nos uma lista dessas actividades: o desporto, o trabalho humanitário, a criação artística e literária, a ascensão social na empresa, a acumulação frenética de riquezas e bens, o activismo social... Ora, entre estas actividades de substituição que mobilizam os seres humanos sem lhes oferecer objectivos naturais figura, em primeiro lugar, «o trabalho científico».

«A ciência e a tecnologia oferecem os exemplos mais importantes de actividades de substituição.» Equivale a dizer que os belos discursos dos cientistas, que declaram que a «curiosidade» constitui o principal motivo das suas investigações, são pura ilusão e hipocrisia; e, pior ainda, o nobre propósito, tão repetido, segundo o qual os cientistas se dedicam ao seu trabalho por amor à humanidade.

Na verdade, insiste Kaczynski, os investigadores e os engenheiros buscam apenas a satisfação pessoal (sempre provisória) que lhes é fornecida pelo seu próprio trabalho. É certo que esse trabalho pode por vezes trazer-lhes fortuna e glória. Mas é raro. E, sobretudo, isso não é o essencial.

«A ciência e a tecnologia avançam às cegas, obedecem apenas à necessidade psicológica dos cientistas, dos governantes e dos presidentes de empresas que financiam as pesquisas.» Se definirmos a liberdade como «o poder de controlar as circunstâncias da própria vida», o desenvolvimento das ciências e das tecnologias surge logo incompatível com essa noção.

Para além das suas próprias motivações, o sistema necessita, porém, de cientistas, matemáticos e engenheiros para forçar o povo a submeter-se a um modo de vida que parece cada vez mais distante do «modelo natural do comportamento humano». Este sistema exerce, portanto, desde a infância, na família e na escola, uma tal pressão sobre os indivíduos que muitos acabam por se revoltar ou por quebrar: parasitas sociais, jovens delinquentes, fanáticos religiosos, rebeldes antigovernamentais, ecologistas radicais, marginais e resistentes de todo o tipo...

Nas nossas sociedades, todos são convidados, incitados ou obrigados não a submeter-se a uma argumentação ideológica com a qual seriam sempre possíveis transacções e compromissos, mas a inclinar-se diante de uma brutal necessidade técnica. É por isso que, em definitivo, não interessa fazer a divisão entre os «bons» e os «maus» aspectos da tecnologia. E isto parece valer também para a medicina moderna. Kaczynski admite que os seus progressos fornecem um bem-estar suplementar às populações; mas esses progressos traduzem-se também numa intervenção cada vez maior do poder público na vida de cada um. Será que a engenharia genética, no futuro, permitirá modificar a descendência dos seres humanos? «Não se espere nada de um código de ética para dominar a sua utilização!», indigna-se ele. Mais não fará do que impor os valores de um determinado grupo social. Mesmo que este grupo seja maioritário, isso será feito em detrimento da liberdade do indivíduo. Na verdade, o único código que poderia valer seria o que proibisse qualquer manipulação genética dos seres humanos; que impusesse imediatamente uma paragem completa de toda a investigação neste domínio. Mas, acrescenta Kaczynski, ninguém respeitaria essa interdição, porque os técnicos estão de tal forma envolvidos no seu trabalho especializado que, quando esse trabalho entra em conflito com as exigências da liberdade, é o seu interesse, o seu valor que nunca hesitam em defender. A tecnologia adquiriu assim um tal poder social que o seu avanço conquistador não pode ser travado. Revela-se, por essência, irreversível. Nenhuma lei, nenhuma instituição, costume ou código pode proteger eficazmente os indivíduos contra a tecnologia. A reforma do sistema é ilusória; e a revolução impõe-se como necessária.

Uma tal revolução romperia com o âmbito estritamente político das revoluções anteriores. Consistiria, não em tomar o poder existente, mesmo para o transformar, mas em deitar fora todo o sistema tecnológico. Claro que isso não se faria num dia, suscitaria problemas e provocaria sofrimentos, como negá-lo? Mas esses problemas nada seriam comparados com o caos que hoje reina nas nossas sociedades, cujos quadros tradicionais estão destabilizados ou quebrados. E esses sofrimentos também nada seriam face à ruína psicológica que oprime os nossos contemporâneos – ruína que é demonstrada de forma opressiva pela taxa de suicídio de adolescentes nos países desenvolvidos.

É então que Kaczynski encara vários cenários para o futuro, compostos essencialmente em redor do futuro da robótica e da informática. Estas páginas tiveram, como vimos, um forte eco alguns anos mais tarde.

Suponhamos, escreve ele, que os informáticos conseguem construir máquinas inteligentes que possam realizar todas as coisas melhor do que o homem. Chegará uma altura em que o homem já não precisará de fornecer qualquer esforço. Todas as tarefas serão efectuadas por vastos sistemas de máquinas altamente especializadas.

E se deixarmos que as máquinas tomem as suas próprias decisões, «o destino do género humano ficará à mercê dessas máquinas». A dependência do homem relativamente às máquinas será tão grande que já não poderá fazer mais do que acatar as suas decisões – e isso agravar-se-á ao longo do tempo, porque, face a problemas cada vez mais complexos, as máquinas obterão melhores resultados do que os homens. Quando o sistema for tão complexo que a inteligência humana já não tenha capacidade de o compreender, «as máquinas terão tomado o controlo efectivo». Etapa verdadeiramente irreversível, porque «desligar» as máquinas equivaleria agora a um suicídio colectivo.

Suponhamos agora que, pelo contrário, os homens conseguem manter o controlo sobre as máquinas. Muito rapidamente, por causa do aumento e da extensão da sua potência, veremos escavar-se um abismo entre os homens vulgares que dominam as suas máquinas para uso privado (automóveis ou computadores pessoais, por exemplo) e uma «pequena elite» que dominará os sistemas maiores. Por isso, esta pequena elite controlará as massas, que se tornarão um fardo inútil para a sociedade, porque a necessidade do trabalho terá desaparecido. Se, por conseguinte, a pequena elite for brutal, poderá muito bem decidir exterminar o resto da humanidade. Se for humanista (*humane*), utilizará todos os meios psicológicos e biológicos para incitar a humanidade a reduzir a taxa de natalidade e para se desvanecer. Se, por fim, a elite for constituída por liberais de coração mole, poderão decidir desempenhar o papel de bons pastores do resto da humanidade. Velarão para que as necessidade de cada um sejam satisfeitas, para que a saúde psicológica das crianças seja garantida, para que cada um disponha de um passatempo, para que qualquer pessoa que tenha «um problema» possa beneficiar de tratamento adequado. Resultado: a vida já não terá qualquer sentido para eles. Os seres humanos submetidos a esta engenharia serão talvez felizes, mas não livres. Estarão reduzidos ao estado de animais domésticos.

Suponhamos agora que a revolução antitecnológica desejada por Kaczynski aconteça efectivamente. O que veremos então na Terra? O triunfo – afirma ele num estilo cuja aridez parece querer desmentir o profetismo – da «Natureza selvagem», da pura Natureza no esplendor da sua inocência. A humanidade descobrirá então que «a natureza constitui um perfeito contra-ideal face à tecnologia». Esta descoberta traduzir-se-á pela constituição de pequenas comunidades de homens, pequenos grupos muito resolutos porque perfeitamente esclarecidos sobre os perigos da civilização tecnológica e industrial. Mas se é verdade que só esses pequenos grupos organizados poderão travar bem este combate, é, porém, necessário que esta revolução seja universal para que a lógica mortífera da tecnologia seja definitivamente travada e que os indivíduos reencontrem a via «normal» do desenvolvimento humano, que passa pela busca autónoma de objectivos naturais estritamente ligados às necessidades físicas da existência.

Embora Theodore rejeite a acção política tradicional, o seu texto não deixa ter um tom político bastante acentuado. Este tom parece, à primeira vista, antiesquerdista – e o seu *Manifesto* termina num novo ataque contra os *leftists*, condenados como responsáveis pela loucura do mundo moderno. É também antiliberal, como acabámos de ver. O seu tom apresentar-se-ia como «conservador» se os conservadores não fossem, segundo ele, incoerentes, se tivessem compreendido que não nos podemos queixar, simultaneamente, do declínio dos valores tradicionais e apoiar de forma entusiasta o progresso tecnológico e o crescimento económico.

Por conseguinte, Kaczynski defende um anarquismo radical e elitista como a única (minúscula) esperança que restaria à humanidade. Só devido a um profundo mal-entendido é que alguns adeptos do movimento «antiglobalização» (⁴) francamente «leftists» puderam invocar estas posições, porque eles promovem ideais execrados por Kaczynsci (⁵).

(⁴) O texto de Kaczynski figura em especial entre as obras de referência do *site* do movimento antiglobalização Attac: http://attac.org/fra/bibl/doc/divers.htm.

(⁵) No dia 8 de Fevereiro de 2001, perante o tribunal criminal de Montpellier, René Riesel fez uma declaração solene para justificar o facto de ter arrancado plantas transgénicas do CIRAD (*Centre de coopération international en recherche agronomique pour le développement*), em que participaram vários membros da *Confédération paysanne*, organização de que tinha sido secretário nacional até à sua demissão em 1999. Riesel não hesita em colocar a sua defesa sob a égide de Kaczynski: «Desejo declarar as minhas verdadeiras razões e, portanto, a minha plena responsabilidade política na destruição das quimeras genéticas do Estado cometida em 5 de Junho de 1999 no CIRAD. Esta declaração será também uma homenagem a Theodore Kaczynski, louco de lucidez, enterrado vivo numa prisão *high-tech* dos Estados Unidos da América.» O texto está disponível no antigo *site* da *Confédération nationale du Travail. Association internationale des travailleurs*, com o título *Aveux complets des véritables mobiles du crime commis au CIRAD, le 5 juin 1999*:
http://cntait89.free.fr/societe/aveux.htm.

BIBLIOGRAFIA

BIBLIOGRAFIA

Actas do colóquio realizado no Palais de la Découverte, em 6, 7 e 8 de Dezembro de 1990, por E. Balibar, M. Cardot, F. Duroux, M. Fichant, D. Lecourt e J. Roubaud, *Georges Canguilhem, philosophe, historien des sciences*, Paris, Bibliothèque du Collège international de philosophie / Albin Michel, 1993.

H. ATLAN, *La science est-elle inhumaine?*, Paris, Bayard, 2002.
G. BACHELARD, *La philosophie du non*, Paris, PUF, 1940.
F. BACON, *La Nouvelle Atlantide* (póstumo 1627), Paris, Payot, 1983; *Instauratio magna: Last Writings*, Oxford, Oxford University Press, 2000; *Novum Organum* (1620), PUF, 1986.
R. BACON, *Opus majus* (1268), Filadélfia, University of Pennsylvania Press, 1928.
E. E. BAULIEU, «Les problèmes du vieillissement humain et leur approche biomédicale. Du XXe au XXIe siècle, la longévité accrue: une revolution négligée», in *La physiologie animale et humaine. Vers une physiologie intégrative*, Relatório sobre a ciência e a tecnologia da Academia de Ciências, n° 2, org. de F. Gros, Paris, Éditions Tec & Doc Lavoisier, 2000.
Y. BELAVAL, *Études sur Diderot*, Paris, PUF, 2003.
M. BENAMOU e C. CARAMELLO (org.), «Performance in Postmodern Culture», *Theories of Contemporary Culture, 1*, Center for Twentieth Century Studies, University of Wisconsin-Milwaukee, 1977.

J. D. BERNAL, *Science in History*, 4 vols. (1954), Boston, MIT Press, 1971,

O. CAYLA e Y. THOMAS, *Du droit de ne pas naître. À propos de l'affaire Perruche*, Paris, Gallimard, 2002.

G. CHÂTELET, *Vivre et penser comme des porcs. De l'incitation à l'envie et à l'ennui dans les démocraties-marchés*, Paris, Gallimard, 1999.

J. F. COLLANGE, L. M. HOUDEBINE, C. HURIET, D. LECOURT, J. P. RENARD, J. TESTARD, *Faut-il vraiment cloner l'homme?*, Paris, PUF, 1998.

A. COMTE, *Cours de philosophie positive (1830-1842)*, in *Œuvres*, 12 vols., Paris, Anthropos, 1968.

L. COULOUBARITSIS, *Histoire de la philosophie ancienne et médiévale*, Paris, Grasset, 1998.

A. R. DAMÁSIO, *Descartes' Error: Emotion, Reason and the Human Brain*, Nova Iorque, Grosset/Putnam, 1994.

C. DEBRU, *Philosophie de l'inconnu: le vivant et la recherche*, Paris, PUF, 1998.

M. DAVID-MÉNARD, *Tout le plaisir est pour moi*, Paris, Hachette, 2000; «Declaration in defense of cloning and the integrity of scientific research», *Free Inquiry magazine*, vol. 17, n° 3, Julho de 1997.

Dictionnaire d'histoire et philosophie de la médecine, org. de D. Lecourt, Paris, PUF.

Dictionnaire d'histoire et philosophie des sciences, org. de D. Lecourt, Paris, PUF, 1999.

D. DIDEROT, *Œuvres complètes*, 5 vols., Paris, Robert Laffont, 1994, 1995, 1996.

F. DUPONT, *L'orateur sans visage. Essai sur l'acteur romain et son masque*, Paris, PUF, 2000.

J.-P. DUPUY, *Pour un catastrophisme éclairé: quand l'impossible est certain*, Paris, Le Seuil, 2002.

G. M. EDELMAN, *Bright Air, Brilliant Fire: On the Matter of Mind* (1992).

J. EHRARD, *L'idée de nature en France dans la première moitié du XVIIIe siècle*, Paris, Albin Michel, 1994.

P. FÉDIDA, *et al.*, *L'embryon humain est-il humain?*, Paris, PUF, 1996.

R. P. FEYNMAN, «There's plenty of room at the bottom» (1959), in *The Pleasure of Finding Things Out: The Best Short Works of Richard P. Feynman*, edited by Jeffrey Robbins, Cambridge Mass., Perseus Publishing, 1999.

M. FOUCAULT, *Dits et écrits, 1954-1988*, org. de D. Defert e F. Ewald, Paris, Gallimard, 1994.

F. FUKUYAMA, *The End of History and the Last Man*, Nova Iorque, Free Press, 1992; *Our Posthuman Future: Consequences of the Biotechnology Revolution*, Nova Iorque, Farrar, Straus and Giroux, 2002; «How to regulate science», in *The Public Interest*, n° 146, Winter 2002; «In defense of nature, human and non-human», in *World Watch Magazine*, July-August 2002, vol. 15, n° 4, p. 30-32.

J. GAYON, «Comment le problème de l'eugénisme se pose-t-il aujourd'hui?», in *L'homme et la santé*, Paris, Le Seuil/ La Cité des sciences et de l'industrie, 1992.

B. GILLE, *Les mécaniciens grecs: la naissance de la technologie*, Paris, Le Seuil, 1980.

F. GROS, *La civilisation du gène*, Paris, Hachette, 1989; *L'ingénierie du vivant*, Paris, Odile Jacob, 1990.

J.-C. GUILLEBAUD, *Le principe d'humanité*, Paris, Le Seuil, 2001.

J. HABERMAS, *Théorie de l'agir communicationnel*, 2 vols., Paris, Fayard, 1987; *L'avenir de la nature humaine: vers un eugénisme libéral?*, Paris, Gallimard, 2002.

A. HODGES, *Alan Turing: The Enigma of Intelligence*, Londres, Burnett Books Limited, 1983.

O. HOUDE, *et al.*, *Cerveau et psychologie*, Paris, PUF, 2002.

A. HOUGRON, *Science fiction et société*, Paris, PUF, 2000.

M. IACUB, *Penser les droits de la naissance*, Paris, PUF, 2002; *Qu'avez-vous fait de la libération sexuelle?*, Paris, Flammarion, 2002.

H. JONAS, *Das Prinzip Verantwortung* (1979), trad. fr., *Le principe*

responsabilité: une éthique pour la civilisation technologique, Paris, Editions du Cerf, 1990.
B. JOY, «Why the future doesn't need us», in *Wired Magazine*, 8 de Abril de 2000.
T. KACZYNSKI, *La société industrielle et son avenir*, Paris, Encyclopédie des Nuisances, 1998.
T. KAITARO, *Diderot's holism* (1995), Frankfurt/Meno, Peter Lang, 1997.
I. KANT, *Fondements de la métaphysique des mœurs (1785)* [*Fundamentação da Metafísica dos Costumes*, Edições 70, Lisboa], *La religion dans les limites de la simple raison (1793)* [*A Religião nos Limites da Simples Razão*, Edições 70, Lisboa], in *Œuvres philosophiques*, Paris, NRF-Gallimard, 1980, 1985, 1986; *Correspondance*, Paris, Gallimard, 1991.
L. R. KASS e J. Q WILSON, *The Ethics of Human Cloning*, Washington, The AEI Press, 1998.
N. Katherine HAILES, *How we Became Posthuman: Virtual Bodies in Cybernetics, Literature, and Informatics*, Chicago, University of Chicago Press, 1999.
D. J. KEVLES, *Au nom de l'eugénisme*, Paris, PUF, 1995.
D. KEVLES e A. BERKOWITZ, «The gene patenting controversy: A convergence of law, economic interests, and ethics», *Brooklyn Law Review*, vol. 67, Fall 2001.
P. KOURILSKY e G. VINEY, *Le principe de précaution*, Paris, Odile Jacob, 2000.
R. Kurzweil, *The Age of Intelligent Machines*, Cambridge Mass., MIT Press, 1990; *The Age of Spiritual Machines*, Nova Iorque, Viking Penguin, 1999.
C. G. LANGTON, et al., *Artificial Life II*, Nova Iorque, Addison Wesley, 1992.
G. LE BLANC, *La vie humaine: anthropologie et biologie chez Georges Canguilhem*, Paris, PUF, 2002.
H. LE BRAS, *Marianne et les lapins*, Paris, Hachette Littérature / Pluriel, 1993.
D. LECOURT, *L'ordre et les jeux*, Paris, Grasset, 1980; *Contre la*

peur. De la science à l'éthique une aventure infinie (1990), Paris, PUF, 1999; *L'Amérique entre la Bible et Darwin*, PUF, 1998; *À quoi sert donc la philosophie?*, Paris, PUF, 1993; *Prométhée, Faust, Frankenstein: fondements imaginaires de l'éthique*, Paris, Livre de Poche / Biblio-Essai, 1998; *L'avenir du progrès*, Paris, Éditions Textuel, 1997.

D. LECOURT, « L'idée française de la science», in *La France du nouveau siècle*, org. de Thierry de Montbrial, Paris, PUF, 2002.

N. LE DOUARIN, *Des chimères, des clones et des gènes*, Paris, Odile Jacob, 2000.

S. LEVY, *Artificial Life: The Quest for a New Creation*, Nova Iorque, Pantheon Books, 1992.

B. LOMBORG, *The Skeptical Environmentalist: Measuring the Real State of the World*, Cambridge, Cambridge University Press, 1998.

K. LORENZ, *L'agression: une histoire naturelle du mal*, Paris, Flammarion, 1993.

M. MINSKY, *The Society of Mind*, Nova Iorque, Simon & Schuster, 1988.

G. E. MOORE, «Cramming more components into integrated circuits», in *Electronics*, vol. 38, n° 8, Abril de 1965.

H. MORAVEC, *Mind Children: The Future of Robot and Hu☐an Intelligence*, Cambridge Mass., Harvard University Press, 1990; *Robot: Mere Machine to Transcendent Mind*, Nova Iorque, Oxford University Press, 1998.

J. NABERT, *Essai sur le ☐al*, Paris, PUF, 1955.

D. F. NOBLE, *The Religion of Technology* (1997), Nova Iorque, Penguin Books, 1999.

OGM et agriculture: options pour l'action publique, Relatório do grupo presidido por B. Chevassus-au-Louis, Comissariado Geral do Plano, Paris, La Documentation française, 2001.

G. OVITT JR., *The Restoration of Perfection: Labour and Technology in Medieval Culture*, New Brunswick, Rutgers University Press, 1987.

H. W. PAUL, *From Knowledge to Power: The Rise of the Science*

Empire in France (1860-1939), Cambridge, Londres, Nova Iorque, Cambridge University Press, 1985.

G. S. PAUL e E. COX, *Beyond Humanity: Cyberrevolution and the Future Minds*, Cambridge Mass., Charles River Media, 1996.

A. PROCHIANTZ, *La construction du cerveau*, Paris, Hachette, 1993; *Les anatomies de la pensée*, Paris, Odile Jacob, 1997.

G. H. de RADKOWSKI, *Les jeux du désir: de la technique à l'économie* (PUF, 2002).

A. RENAUT, *L'ère de l'individu*, Paris, Gallimard, 1989.

Raymond RUYER in *La gnose de Princeton*, Paris, LGF, 1977.

C. SAGAN, *Pale Blue Dot: A Vision of the Human Future in Space*, Nova Iorque, Random House, 1994.

H. de SAINT-VICTOR, *L'art de lire. Didascalicon*, Paris, Éditions du Cerf, 1991.

J.-J. SALOMON, *Survivre à la science: une certaine idée du futur*, Paris, Albin Michel, 2000.

J.-P. SARTRE, *Situation III*, Paris, Gallimard, 1949.

J.-P. SÉRIS, *La technique*, Paris, PUF, 1994.

L. M. SILVER, *Remaking Eden: Cloning, Genetic Engineering and the Future of Humankind?* (1998), Londres, Phoenix Giant, 1999.

G. SIMONDON, *Du mode d'existence des objets techniques*, Paris, Aubier, 1958; *L'individu et sa genèse physico-biologique (l'individuation à la lumière des notions de forme et d'information)*, Paris, PUF, 1964.

A. THACKRAY (org.), *Private Science: Biotechnology and the Rise of the Molecular Sciences*, Filadélfia, University of Pennsylvania Press, 1998.

A. TURING, *Collected Works of A. M. Turing* (3 vols. publicados : *Pure Mathematics, Mechanical Intelligence, Morphogenesis*), Londres, North-Holland, 1992.

C. WEBSTER, *Great Instauration: Science, Medicine and Reform 1626-1660*, Londres, Gerald Duckworth, 1975.

N. WIENER, *The Human Use of Human Beings: Cybernetics and Society*, Nova Iorque, Da Capo Press, 1950.

I. WILMUT, *et all.*, «Viable offspring derived from fetal and adult mammalian cells», in *Nature,* vol. 385, 27 de Fevereiro de 1997, pp. 810-813.

E. O. WILSON, *Sociobiology: A New Synthesis*, Cambridge, Harvard University Press, 1975; *On Human Nature*, Cambridge, Harvard University Press, 1978; *Consilience: The Unity of Knowledge*, Nova Iorque, Alfred A. Knopf, 1998.

F. YATES, *Giordano Bruno et la tradition hermétique*, Paris, Dervy-Livres, 1988.

Y. C. ZARKA (org.), *Hobbes et son vocabulaire,* Paris, Vrin, 1992.

ÍNDICE

Prólogo 13

I – Biocatastrofismo e pós-humanidade 25
II – O futuro segundo os tecno-profetas 55
III – A técnica e a vida 73
IV – Humano pós-humano 83

Apêndice – *Unabomber* 107
Bibliografia 119

Paginação, impressão e acabamento
da
CASAGRAF - Artes Gráficas Unipessoal, Lda.
para
EDIÇÕES 70, LDA.
Novembro de 2003